Sección de Obras de Ciencia y Tecnología

101 HIERBAS MEDICINALES

101 HIERBAS MEDICINALES

Juan Francisco Jaramillo G.

ILUSTRACIONES DE CARLOS MARIO OROZCO

FONDO DE CULTURA ECONÓMICA

A mis padres,

Francisco y Gilma

Primera edición: Ediciones Martínez Roca, Colombia, 1997

Segunda edición: Fondo de Cultura Económica, 2005

Jaramillo, Juan Francisco

101 hierbas medicinales / Juan Francisco Jaramillo. — Bogotá : Fondo de Cultura Económica, 2005.

264 p. ; 21 cm. — (Ciencia y tecnología)

1. Plantas medicinales 2. Botánica médica 3. Plantas aromáticas I. Tít. II. Serie.

581.63 cd 20 ed.

AJD7713

CEP-Banco de la República-Biblioteca Luis-Angel Arango

Carretera Picacho-Ajusco, 227; 14200 México, D.F.

Ediciones Fondo de Cultura Económica Ltda.

Carrera 16 No. 80-18; Bogotá, Colombia

www.fondodeculturaeconomica.com

www.fce.com.co

Diseño y diagramación: Hugo Ávila

ISBN: 958-38-0110-0

Impreso en Colombia – *Printed in Colombia*

CONTENIDO

ANEXOS

INTRODUCCIÓN

Una de las limitaciones que se nos plantean a quienes por alguna razón hemos tomado partido por las medicinas vitalistas y de observación es la imposibilidad de encontrar instrumentos terapéuticos accesibles que nos permitan corroborar en la práctica la validez o la ineficacia de los postulados que informan nuestra brega cotidiana con los enfermos.

Teniendo como guía el cuerpo teórico y filosófico del sistema que consideramos con mayor vigencia en este campo –la medicina tradicional china– y habiéndonos percatado de la amnesia crónica que caracteriza nuestra historia, decidimos recurrir a etapas lejanas del devenir de la medicina hipocrática y occidental en las cuales se trabajó con criterios próximos a los de la medicina china. Nos referimos a los métodos empleados por los médicos griegos y árabes en tiempos de Avicena y Galeno y a los principios de la milenaria medicina ayurvédica. En ellos encontramos elementos terapéuticos usados en la actualidad por quienes se dedican al arte de la herbología.

En el caso de las hierbas que no crecen en nuestro entorno, la tarea es encontrar sus equivalentes terapéuticos locales, y este trabajo señala en forma esquemática tal camino aportando los primeros ejemplos.

Elegimos concienzudamente cada una de las hierbas-remedio pensando en su disponibilidad, aunque algunas nos parezcan ajenas en principio, debido a negligencia e ignorancia en este campo; la mayoría de ellas se obtienen fácilmente y están debidamente descritas en los escasos textos criollos de botánica. Otras, por su gran difusión internacional, pueden ser adquiridas sin dificultad por el interesado.

De una cosa puede usted estar seguro, mi estimado lector: este texto no tendrá valor si no trata de comprobar su utilidad en la práctica. El único problema es que usted necesita saber algo de medicina tradicional china para determinar con mayor exactitud la naturaleza del trastorno y hacer la selección del remedio más apropiado. Claro, también puede utilizarlo de manera sintomática, pero éste no es el mejor camino a seguir. Ocurre igual con la cocina: aunque usted cuente con los mismos ingredientes y los use para los mismos fines, siempre encontrará la diferencia que establece sus preferencias. Todo radica en que aquí no se trata de satisfacer el buen gusto: se trata de obtener un buen alivio.

Vea, pues, las mismas hierbas de siempre con una óptica sólo novedosa por lo muy antigua y elegante.

Juan Francisco Jaramillo Giraldo, MD
jjaramillo@col-online.com

PRESENTACIÓN DE CADA HIERBA

En esta presentación, bajo los parámetros del corpus vitalista que ofrece la medicina tradicional china y con algunos elementos de otras medicinas contemporáneas a ésta (la griega-unani en su versión galénica y la ayurvédica) se integran las visiones fenomenológica-observacional y analítica modernas. También se incorporan tipologías y funciones de las hierbas que corresponden a interesantes correlaciones no del todo caprichosas por parte de los estudiosos de estos temas (ver diagrama A). Estamos seguros de que todas las hierbas elegidas para este trabajo permiten efectuar un acercamiento confiable en lo referente a sus diferentes cualidades y a su naturaleza desde un punto de vista global.

Denominación de la hierba

Primero está el nombre vernáculo, lógicamente ligado a nuestro conocimiento local. Luego el nombre farmacéutico, que nos informa, con la primera palabra en latín, sobre la parte usada de la planta cuya denominación describe la segunda palabra, como figura en las farmacopeas oficiales de todos los países. Después se registra el nombre científico o técnico de la planta, con el cual podemos aclarar las dudas que se presenten, dada la existencia de sinonimias frecuentes. Éste sirve, además, para profundizar en algunos aspectos particulares cuando consultamos textos botánicos o médicos seriamente elaborados. Por último aparece de nuevo, en español, la parte usada de la planta.

Naturaleza de la planta

Esta sección reúne todos los aspectos que caracterizan la hierba y suministra la información sensoperceptiva y científica necesaria para la correcta utilización terapéutica de la misma.

Propiedades efectivas

Aquí se describen las cualidades sensoperceptibles y dinámicas de la planta. Éstas se obtienen valorando sus efectos sobre los órganos de los sentidos de quien las ingiere (primarias), así como los cambios que se producen en su fisiología cuando son de alguna importancia (secundarias).

Propiedades primarias

Sabor: En primer lugar, en un nivel observacional, son seis los sabores considerados por la medicina tradicional china: amargo, ácido, dulce, picante, salado y blando o soso. En segundo término, dos sabores adicionales, pertenecientes a la medicina ayurvédica y a la tibb: astringente y aceitoso. Cada uno de estos ocho sabores tiene efectos específicos que describen ampliamente las farmacopeas de estas medicinas. El amargo fortalece y refresca. El ácido endurece y refresca. El dulce armoniza, restablece, calma y restaura. Lo picante calienta, activa y produce sudoración. Lo salado ablanda, humedece y afloja. El blando filtra y hace descender los líquidos. El astringente endurece y vigoriza. Lo aceitoso lenifica y retarda, es pesado.

Temperatura: El efecto calorífico o refrigerante de un remedio lo determinan dos criterios: uno, la reacción subjetiva del observador hacia la planta, y dos, la expresión de los signos y síntomas frente al calor o frío que ésta produce en la fisiología del enfermo. Existen cinco tipos de temperatura: caliente, cálida, fría, fresca y neutral.

Humedad: Nace de un principio más jónico que chino y obedece a la función de humedecer o secar los tejidos y secreciones del paciente. Forma parte de las cuatro cualidades del remedio en la medicina griega y de los ocho principios de la medicina china.

Propiedades secundarias

Definen los efectos sistémicos y globales resultantes de la utilización del remedio botánico. Dan cuenta de los procesos estructurales y funcionales que él genera en el organismo. Indican si la hierba es estimulante, calmante, nutritiva, descongestionante, astringente, suavizante o disolvente. Señalan la clase de movimientos que produce, forma chino-japonesa de registrar la dirección en que se moviliza la sintomatología al ingerir el remedio. Estos cuatro movimientos son: ascendente, dispersante (centrífugo), estabilizante (centrípeto) y descendente (hundimiento).

Afinidades

En las medicinas de observación, el remedio tiene tropismo por uno o varios órganos. Esta predisposición se evidencia con las denominaciones de nervino, cordial o digestivo que identifican a algunos medicamentos. En esta sección se consideran cuatro afinidades, relacionadas con los tres tipos de medicinas tradicionales: órganos y sistemas, organismos, canales y doshas.

Órganos y sistemas: En este apartado se enumeran, con orientación anatomofisiológica, todos los órganos y sistemas corporales terapéuticamente afines a la hierba.

Organismos: En las medicinas hipocrática y galénica se configura una correspondencia entre los cuatro elementos cosmogónicos y los cuatro organismos que controlan el cuerpo en general. Estos organismos son: el de la temperatura, que reside en la sangre y regula el calor-frío corporal; el del aire, que habita en el sistema nervioso y se relaciona con los cambios de movimiento-reposo; el de los líquidos, que coordina los procesos de transformación de los fluidos del cuerpo y mora en éstos, y el físico, que controla la estructura de los órganos y tejidos en general y vive en ella (ver diagrama B).

Canales: Este punto establece las relaciones entre el remedio y algunos de los canales de circulación de la energía según la medicina tradicional china. Tal asociación surge de la observación de los cambios en la circulación de esa energía y de las alteraciones clínicas en la órbita de influencia de dicho canal.

Doshas: La medicina ayurvédica tiene tres categorías llamadas doshas, cuya combinatoria tipifica todo lo existente. Las plantas se clasifican como *vata*, *pitta* o *kapha*, con lo cual se califica su capacidad de incrementar (+), hacer decrecer (–) o inalterar (=) el estado de cada una de estas tres fuerzas dinamizadoras en la humanidad del paciente. Para ello se tienen en cuenta el sabor, la temperatura y los efectos posdigestivos de la planta (*vipaka*).

Terreno

El concepto de terreno es parecido al que invoca la inmunología actual al referirse a lo idiosincrásico. Define el área adecuada para que el remedio se desempeñe con mayor eficacia. Esta sección contiene dos clases de terrenos: temperamentos y biotipos.

Temperamentos: Para Hipócrates y Galeno, la constitución natural (*physis*) de cada ser mantiene o restablece su equilibrio por medio de las cualidades efectivas (*krasas*). Ellos definen entonces cuatro krasas –sanguínea, colérica, flemática y melancólica– que dan su nombre a cada temperamento de acuerdo con el predominio en la physis de cada una de ellas.

Biotipos: Pierrakos y Kurtz crearon ocho biotipos vitalistas-psicosomáticos partiendo de las cuatro krasas. Luego Requena, con base en las tipologías de Gastón Berger y china, describió seis. Esta sección hace una combinación de todos para establecer el terreno.

Componentes químicos

Aquí se proporciona una lista de algunos de los constituyentes químicos de la hierba, evidenciando el énfasis investigativo puesto en ella y justificando en cierta medida sus propiedades farmacológicas.

Categorías

Tan antigua (3.000 años) como la de Hipócrates, quien divide los remedios, por su naturaleza intrínseca, en nutritivos, medicamentosos y venenosos, la clasificación del *Shen Nong Pen Çao Jing** jerarquiza teórica y terapéuticamente los remedios, afectando su selección y sus usos. Tal jerarquización consta de tres categorías:

1. Hierbas *suaves*, con efectos yin: son medicamentos lentos, finos y acumulativos. Para uso prolongado y sin efectos secundarios. Son hierbas tónicas, restablecedoras y preventivas. Se emplean en trastornos crónicos y sistémicos, preferiblemente en niños y ancianos. La mayoría de las hierbas-remedio de este trabajo pertenecen a esta categoría.

---

* Clásico de materia médica del granjero divino (anónimo, dinastía Han).

2. Hierbas *fuertes*, con efectos yang: de acción rápida y resultados inmediatos. Tóxicas y con efectos secundarios. Se emplean una vez u ocasionalmente. Atacan los cuadros agudos combatiendo específicamente el agente patógeno causante. Están contraindicadas en casos de debilidad crónica o aguda severa y debe evitarse su empleo en ancianos y niños.

3. Hierbas *medianamente fuertes*, con efectos yin y yang: son medicamentos intermedios que, al tener algunos efectos colaterales acumulativos, deben ser ingeridos máximo durante dos o tres semanas continuas para aminorar su posible toxicidad. Son hierbas ideales para usar en combinación con otras y en pequeñas cantidades.

Funciones y usos

La parte que corresponde a *funciones* se ocupa de la acción vitalista e integral del remedio. Allí se enumeran los trastornos y síndromes o patrones de desequilibrio que incluyen algunas de las funciones generales características de cada planta. En la de *usos* se describen las entidades particulares y su sintomatología dentro del cuadro clínico general.

101
HIERBAS
MEDICINALES

I • ACHICORIA

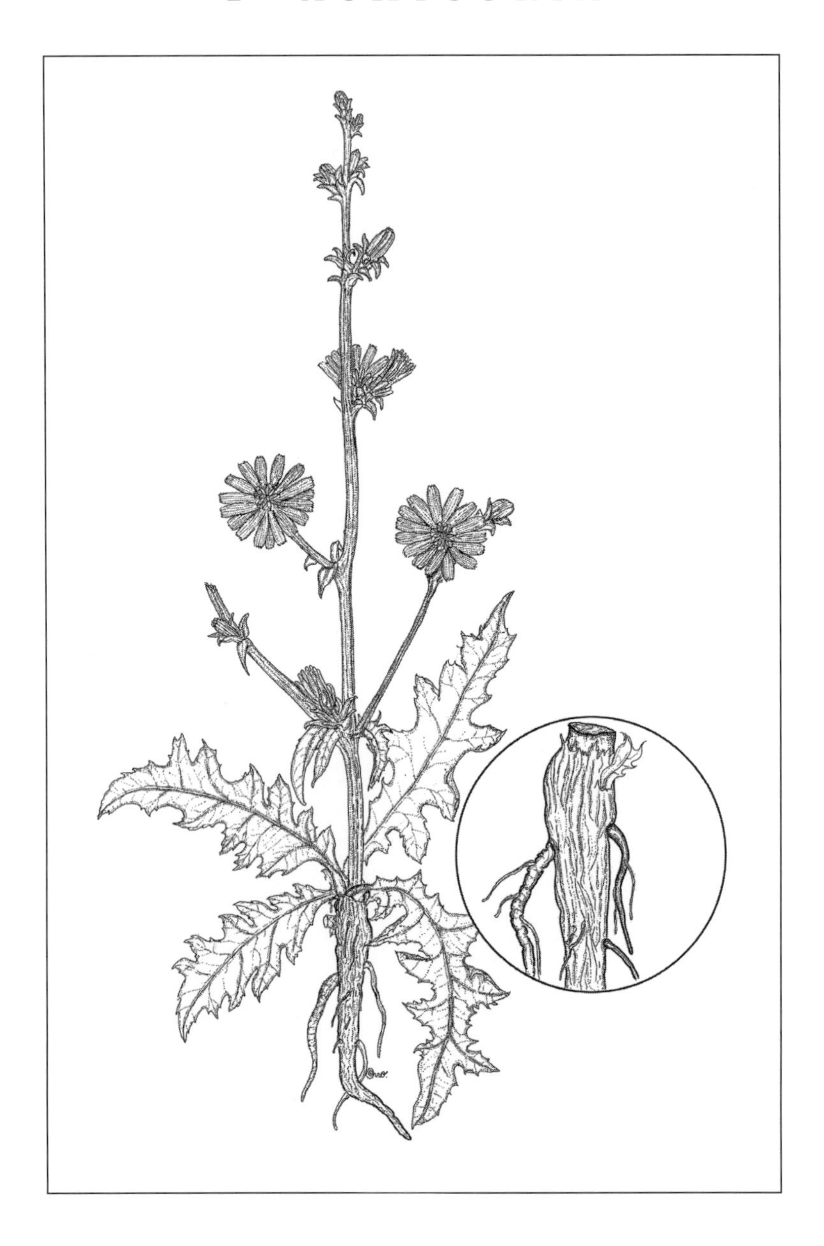

Nombre común	Achicoria
Nombre farmacéutico	*radix Cichorii*
Nombre botánico	*Cichorium intybus L.*
Parte usada	La raíz

Naturaleza

Propiedades:

Primarias: **Sabor:** Amargo, dulce y salado.
Temperatura: Fresca.
Humedad: Húmeda.

Secundarias: Nutre, estimula, restablece. Movimiento centrípeto.

Afinidades:

Órganos y sistemas: Estómago, hígado, vesícula biliar, intestinos y líquidos corporales.
Organismos: Líquidos, Aire y Temperatura.
Canales: H, Vb, V, Id.
Doshas: Vata+, Pitta-, Kapha-.

Terrenos:

Temperamentos: Colérico.
Biotipos: Taiyang y Shaoyang industriosos.

Componentes químicos: Triterpenos, inulina, cumarinas, colina, intibina, lactucina, pentosanos, látex, manitol, inositol, aminoácidos libres, trazas minerales y vitaminas C, B, K y P.

Categoría: Suave, toxicidad crónica mínima.

Funciones – Usos

1. **Febrífuga, secante, elimina el calor, desestanca, colagoga, induce los movimientos intestinales, estimula y depura el hígado y las vías biliares.** Humedad-calor del hígado y de la vesícula biliar, fuego del hígado, hepatitis, linfomas. Estancamiento del qi del hígado. Sequedad-calor de los intestinos. Humedad-calor de la vejiga; infecciones urinarias, fiebres yangming, shaoyang y shaoyin.
2. **Depurativa, desintoxicante, diurética, drena la plétora.** Toxemia y discrasia generales de los líquidos; reumatismo, gota. Congestión de los líquidos del hígado.
3. **Recupera las esencias, incrementa la sangre, restablece el hígado y el estómago, fortalece.** Deficiencia de las esencias de los riñones, deficiencia de la sangre; anemia y astenia. Deficiencia del qi del hígado y del estómago, agotamiento general por exceso de trabajo.

Precauciones: Ninguna.
Presentación: Extracto alcohólico 1:3.
Dosificación: 25 gotas 3 veces por día.

2 • AGRIPALMA

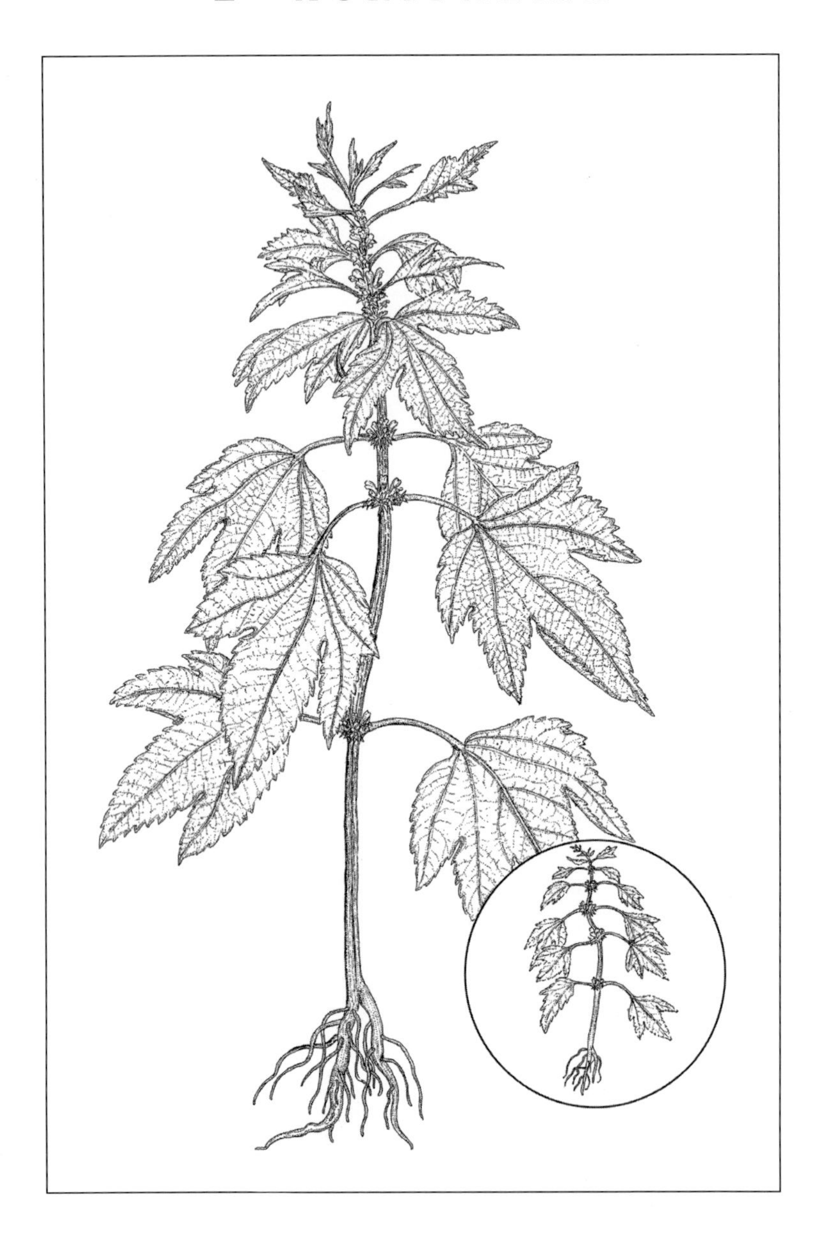

Nombre común	Agripalma
Nombre farmacéutico	*herba Leonori*
Nombre botánico	*Leonorus cardiaca L.*
Parte usada	La hierba

Naturaleza

Propiedades:

Primarias: **Sabor:** Amargo y picante.
Temperatura: Fresca.
Humedad: Seca.

Secundarias: Estimula, calma, restablece y relaja.

Afinidades:

Órganos y sistemas: Circulación, corazón, pulmones, útero e intestinos.
Organismos: Aire.
Canales: C, P, B, Chong y Ren.
Doshas: Vata-, Pitta+, Kapha+.

Terrenos:

Temperamentos: Sanguíneo y Colérico.
Biotipos: Jueyin-expresivo y Shaoyang-reflexivo.

Componentes químicos: Glicósidos amargos, resinas, aceite esencial, taninos. Alcaloides: leonuricina, turicina, betonicina, estaquidrina. Colina, ácido málico, cítrico, fosfórico, vinítico y Ca.

Categoría: Suave, toxicidad crónica mínima.

Funciones – Usos

1. **Hace circular el qi, relaja los nervios, elimina la constricción, es antiespasmódica, anodina, calma el tiroides e induce el descanso.** Constricción del qi del corazón. Constricción del qi del útero, del qi de los intestinos. Dismenorrea, dolor posparto, síndrome menopáusico, insomnio, hipertensión, hipertiroidismo.
2. **Estimula, sustenta y restablece el corazón, descongestiona la sangre.** Deficiencia del qi del corazón. Deficiencia de la sangre del corazón y del qi del bazo. Congestión de la sangre del corazón.
3. **Dispersa el viento-calor, es sudorífica, libera el exterior, estimula los pulmones y los riñones, descongestiona.** Humedad-flema del pulmón. Congestión de los líquidos del riñón, nefritis crónica y aguda.
4. **Estimula el útero, ayuda al trabajo de parto, promueve la menstruación.** Estancamiento del qi del útero, parto difícil.
5. **Astringe, desinflama, cicatriza, desintoxica y es antihemorrágica.** Hemorragia uterina posparto, subinvolución uterina.

   Precauciones: Contraindicada durante el embarazo.
   Presentación: Extracto alcohólico 1:3.
   Dosificación: 25 gotas 3 veces por día.

3 • AJENJO

Nombre común	Ajenjo
Nombre farmacéutico	*herba Artemisia ab.*
Nombre botánico	*Artemisia absinthium L.*
Parte usada	La hierba

Naturaleza

Propiedades:

Primarias: **Sabor:** Amargo, picante y astringente.
Temperatura: Fría.
Humedad: Seca.

Secundarias: Astringe, descongestiona, estimula, restablece. Movimiento descendente.

Afinidades:

Órganos y sistemas: Estómago, hígado, intestinos y útero.
Organismos: Aire y Líquidos.
Canales: E, B, H, Chong y Ren.
Doshas: Vata=, Pitta-, Kapha-

Terrenos:

Temperamentos: Colérico.
Biotipos: Taiyang-industrioso y Shaoyang-reflexivo.

Componentes químicos: Aceites esenciales (tujona). Terpenoides: azuleno, tanacetona, sesquiterpinas y lactonas. Triterpenoides, glicósidos flavonoides, amargos, poliacetilenos, hidrocumarinas, taninos, ácidos orgánicos.

Categoría: Suave, toxicidad crónica mínima.

Funciones – Usos

1. **Elimina el calor, transforma la humedad, es febrífugo, induce los movimientos intestinales, depura el hígado y el bazo, calma el estómago y es antiemético.** Síndromes de humedad-calor en general. Calor-sequedad del intestino, fiebres remitentes y vesperales. Estancamiento del qi de los intestinos y del estómago, gastritis aguda, hepatitis e ictericia, náusea, cefaleas en general con síntomas de calor, inflamaciones de vías urinarias o renales.
2. **Restablece el estómago, el bazo, el hígado y la vesícula biliar. Abre el apetito, fortalece.** Deficiencia del qi del hígado y del estómago. Deficiencia del qi del bazo, anemia, astenia. Gastritis crónica.
3. **Es diurético, descongestiona de líquidos al hígado, promueve las menstruaciones.** Ayuda al trabajo del parto. Estancamiento del qi del útero.
4. **Activa la inmunidad, desintoxica, es antídoto de venenos, antihelmíntico, resuelve las contusiones, disuelve las tumoraciones y beneficia la piel.** Previene los resfriados, disuelve las tumoraciones malignas.

Precauciones: Ninguna.
Presentación: Extracto alcohólico 1:3.
Dosificación: Extracto: 15-30 gotas 3 veces por día.

4 • AJÍ

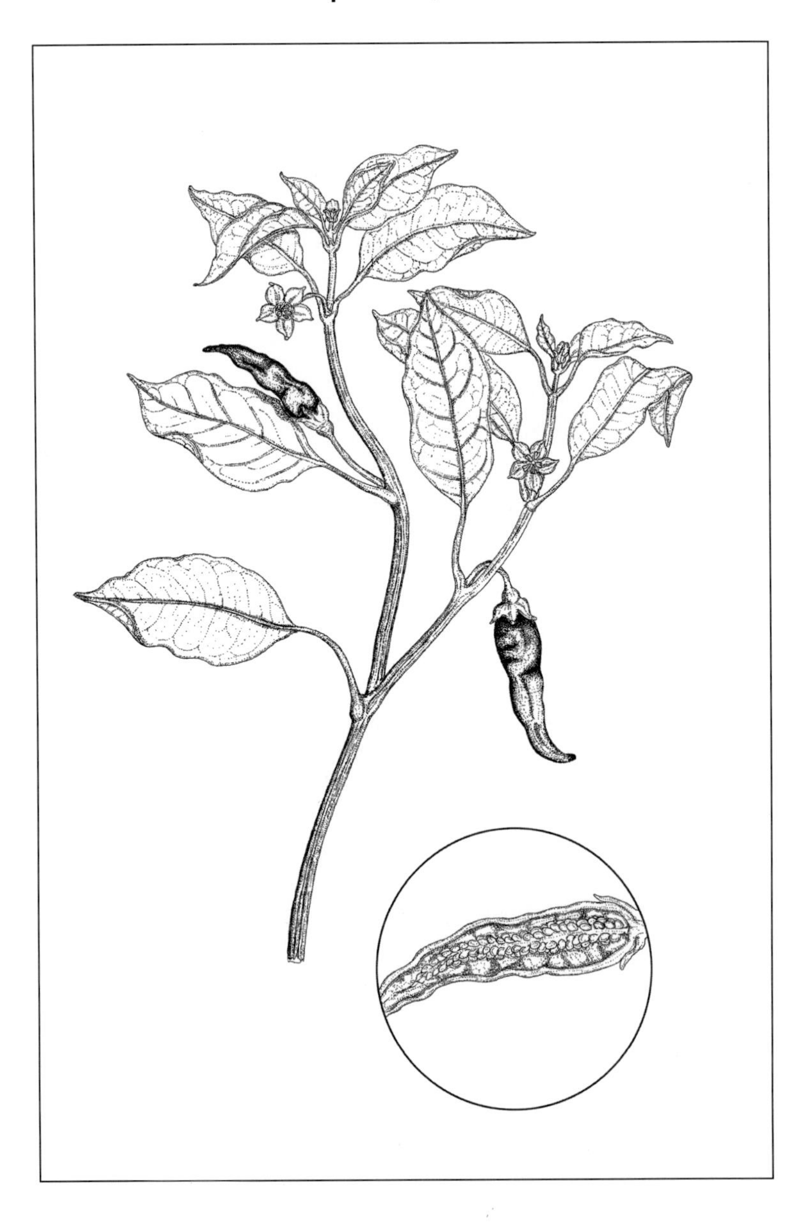

Nombre común	Ají
Nombre farmacéutico	*fructus Capsici*
Nombre botánico	*Capsicum annum L.*
Parte usada	El fruto

Naturaleza

Propiedades:

Primarias: **Sabor:** Picante.
Temperatura: Caliente.
Humedad: Seca.

Secundarias: Restablece, relaja, estimula. Movimiento dispersante.

Afinidades:

Órganos y sistemas: Circulación arterial, corazón, estómago, intestinos, pulmones.

Organismos: Temperatura.

Canales: P, B.

Doshas: Vata-, Pitta+, Kapha-.

Terrenos:

Temperamentos: Melancólico.

Biotipos: Shaoyin-agobiado.

Componentes químicos: Capsaicina, dehidrocapsaicina, vanililamida, flavonoides, sapogeninas, solanina, glucosa, galactosa, xilosa, anuína, oleorresina, carotenos, lecitinas, proteínas, ácidos, Ca, P, Fe, vitaminas A y B.

Categoría: Suave, toxicidad crónica mínima.

Funciones – Usos

1. **Tonifica el yang, calienta, tonifica el corazón y la circulación arterial, normaliza la circulación general.** Deficiencia general del qi, deficiencia de la sangre arterial, extremidades frías, exceso del yin, vencimiento del yang.
2. **Es febrífugo, sudorífico, libera el exterior, dispersa el viento y el frío, mejora la garganta.** Viento-externo-frío, obstrucción por viento-humedad, fiebres remitentes.
3. **Tonifica y calienta el estómago, los intestinos y el bazo, es antiflatulento, aperitivo.** Frío del estómago, deficiencia del yang del bazo o frío de los intestinos, disentería.
4. **Es cicatrizante, analgésico, desinflamante.** Heridas recientes, dolor muscular, parálisis y parestesias, alopecia. Bronquitis.

Precauciones: Por ser caliente y estimulante se contraindica en los estados de calor y en las afecciones de la vejiga.

Presentación: Extracto alcohólico 1:3 o deshidratado en polvo.

Dosificación: 5-10 gotas disueltas en agua 3 veces por día o 1 cucharadita 3 veces por día.

5 • AJO

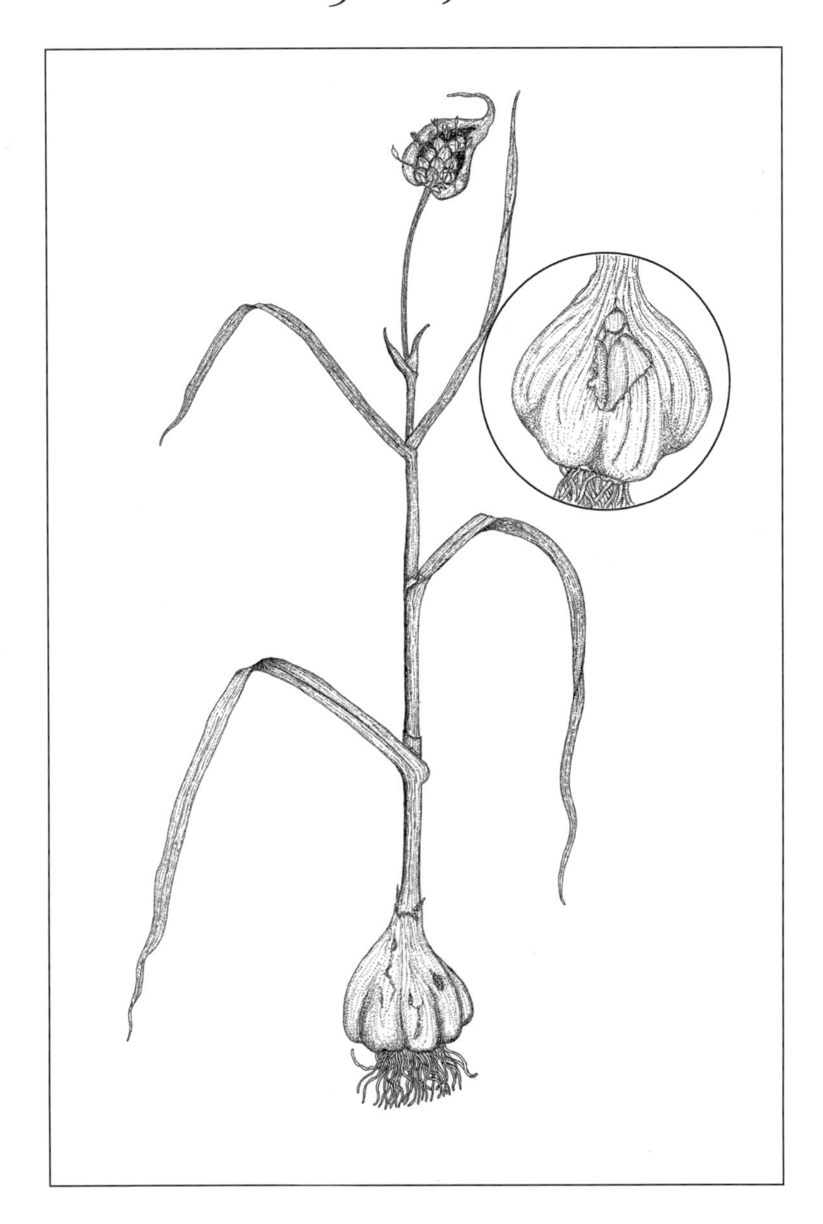

Nombre común	Ajo
Nombre farmacéutico	*bulbus Alii*
Nombre botánico	*Allium sativum L.*
Parte usada	El bulbo

Naturaleza

Propiedades:

Primarias: **Sabor:** Picante, dulce y salado.
Temperatura: Cálida.
Humedad: Seca.

Secundarias: Restablece, estimula, descongestiona, disuelve y diluye. Movimiento dispersante.

Afinidades:

Órganos y sistemas: Pulmones, intestinos, bazo, páncreas, hígado, corazón, circulación arterial venosa, sangre, útero.

Organismos: Temperatura, Aire y Líquidos.

Canales: P, B, C, H.

Doshas: Vata-, Pitta+, Kapha-.

Terrenos:

Temperamentos: Melancólico.

Biotipos: Shaoyin-agobiado, Taiyin-dependiente-tierra y Yangming-autoestima-metal.

Componentes químicos: Alicina, disulfuro de alilo, garlicina, alistatina, aceite esencial, sustancias hormonales, glucoquininas, colina, ácido silíceo, mucílagos, S, I, Si, Zn, Mg y vitaminas A, B y C.

Categoría: Suave, toxicidad crónica mínima.

Funciones – Usos

1. **Es inumunoestimulante, antibiótico, desintoxicante, antihelmíntico, regenerador de los tejidos.** Preventivo en las epidemias. Cornificaciones, verrugas y callos.
2. **Es sudorífico, anodino, dispersa el viento-frío, libera el exterior.** Viento externo-frío, obstrucción por viento-humedad, otalgia, sordera reumática.
3. **Tonifica los pulmones, licúa y expulsa la flema viscosa, despeja el pecho, alivia la disnea, mejora la garganta.** Frío-flema en los pulmones, TBC, bronquitis crónica.
4. **Genera calor, tonifica el yang, dispersa el frío, fortalece y armoniza la circulación.** Deficiencia del yang, congestión de la sangre del corazón, deficiencia del qi y de la sangre arterial, híper o hipotensión, asma cardiaca, debilidad.
5. **Tonifica y drena el hígado y la vesícula biliar, estimula la bilis, calienta y tonifica los intestinos y el bazo, remueve los estancamientos, seca la humedad y regula la flora intestinal.** Estancamiento del qi del hígado, humedad del bazo, fermentación intestinal, alteración de la flora intestinal, coadyuvante en la diabetes.
6. **Es diurético, ablanda los depósitos, disuelve los coágulos y los tumores.** Congestión de los líquidos del hígado, toxemia general, gota, arterioesclerosis.

   Precauciones: Por ser seco-caliente estimula el yin, la sangre y los órganos reproductivos, aumenta la deficiencia del yin. Contraindicado en el embarazo.

   Presentación: Deshidratado y desodorizado en cápsulas de 500 mg.

   Dosificación: 1-2 cápsulas 2-3 veces por día.

6 • ALBAHACA

Nombre común	Albahaca
Nombre farmacéutico	*herba Ocimi*
Nombre botánico	*Ocimum basilicum L.*
Parte usada	La planta entera

Naturaleza

Propiedades:

Primarias: **Sabor:** Picante, dulce y amargo.
Temperatura: Cálida.
Humedad: Seca.

Secundarias: Astringe, restablece, estimula, relaja. Movimiento ascendente.

Afinidades:

Órganos y sistemas: Estómago, pulmones, intestinos, urogenitales.
Organismos: Aire y Temperatura.
Canales: R, P.
Doshas: Vata-, Pitta+, Kapha-.

Terrenos:

Temperamentos: Melancólico.
Biotipos: Taiyin-sensitivo-metal y Shaoyin-agobiado.

Componentes químicos: Alcanfor, meticlavicol, saponinas, oleanol, ácido ursólico, glicósidos, taninos y fenol.

Categoría: Suave, toxicidad crónica mínima.

Funciones – Usos

1. **Tonifica el yang, levanta el espíritu, recupera el cerebro, los nervios y las suprarrenales, fortalece, disipa la melancolía.** Deficiencia del yang, deficiencia nerviosa, colapso del yang, insuficiencia suprarrenal.
2. **Genera calor, sustenta el yang, dispersa el frío, es antiespasmódica, promueve las menstruaciones, incrementa el deseo sexual, fertiliza, serena el estómago y detiene el vómito.** Útero frío, deficiencia del yang de los riñones (fríogenitourinario), frío del estómago, náusea, constricción del qi intestinal.
3. **Tonifica los pulmones, seca la humedad y expulsa la flema-alivia la respiración.** Frío-flema en pulmones, deficiencia del yang de los pulmones y de los riñones, bronquitis crónica, humedad-frío en la cabeza. Anosmia.
4. **Controla las infecciones.** Es antídoto de venenos y repelente de insectos.

Precauciones: Ninguna.
Presentación: Extracto alcohólico 1:3.
Dosificación: 30 gotas 3 veces por día.

7 • ALCACHOFA

Nombre común	Alcachofa
Nombre farmacéutico	*folium Cynarae*
Nombre botánico	*Cynara scolymus L.*
Parte usada	La hoja

Naturaleza

Propiedades:

Primarias: **Sabor:** Amargo y salado.
Temperatura: Fresca.
Humedad: Húmeda.

Secundarias: Reblandece, disuelve, descongestiona, nutre. Movimiento descendente.

Afinidades:

Órganos y sistemas: Hígado, vesícula biliar y vejiga.
Organismos: Temperatura, Aire y Líquidos.
Canales: H, Vb, V, Id.
Doshas: Vata+, Pitta-, Kapha-.

Terrenos:

Temperamentos: Colérico.
Biotipos: Taiyang-industrioso y Shaoyang-reflexivo.

Componentes químicos: Cinarina, catalasas, oxidasas, peroxidasas, cinarasas, ascorbinasas, proteínas, lípidos, inulina, yodo, trazas minerales. Vitaminas: A, B1, B2 y C.

Categoría: Suave, toxicidad crónica mínima.

Funciones – Usos

1. **Es febrífuga, transforma la humedad, activa el movimiento intestinal, estimula y limpia el hígado y la vesícula biliar, promueve el flujo de bilis y alivia la irritabilidad, es citofiláctica.** Fuego del hígado, humedad-calor del hígado, hepatitis, linfoma, estancamiento del qi del hígado, sequedad-calor de los intestinos, humedad-calor de la vejiga, infecciones urinarias, fiebres de todo tipo.
2. **Depura, desintoxica, filtra el agua, promueve la diuresis.** Toxemia y discrasia general de los líquidos, gota, reumatismo, congestión de los líquidos del hígado, obesidad y celulitis.
3. **Restablece las esencias y la sangre, el hígado y el estómago, genera fortaleza.** Deficiencia de sangre, anemia, deficiencia de esencias de los riñones, deficiencia del qi del estómago e hígado y debilidad general.

   Precauciones: Ninguna.
   Presentación: Extracto alcohólico 1:3.
   Dosificación: 30 gotas 3 veces por día.

8 • ALFALFA

Nombre común	Alfalfa
Nombre farmacéutico	*herba Medicaginis*
Nombre botánico	*Medicago sativa L.*
Parte usada	La planta entera

Naturaleza

Propiedades:

Primarias: **Sabor:** Salado y amargo.
Temperatura: Neutral.
Humedad: Húmeda.

Secundarias: Nutre, restablece, espesa y disuelve.

Afinidades:

Órganos y sistemas: Estómago, hígado, páncreas, sangre y líquidos corporales.
Organismos: Líquidos.
Canales: E, B.
Doshas: Vata+, Pitta-, Kapha-.

Terrenos:

Temperamentos: Todos.
Biotipos: Todos.

Componentes químicos: Aminoácidos, proteínas, clorofila, ocho enzimas digestivas, flavonoides, saponinas, esteroles, cumarinas, alcaloides, ácidos orgánicos, mucílagos, ácido fólico, niacina. Vitaminas: A, B, D, E, K y P. Trazas minerales de: Mg, Fe, P y Ca.

Categoría: Suave, toxicidad crónica mínima.

Funciones – Usos

1. **Restablece las deficiencias de la sangre, el estómago, el bazo y el páncreas. Fortalece, hace ganar peso, contribuye a la lactación.** Deficiencia de la sangre; anemia. Deficiencia del qi del bazo y del estómago, debilidad y pérdida de peso, hiperacidez gástrica, úlcera duodenal; contribuye con el manejo de la diabetes.
2. **Es diurética, depurativa, desintoxicante, protege al hígado.** Discrasia y toxemia generales de los líquidos, insuficiencia renal crónica, hipercolesterolemia, intoxicación hepática.
3. **Es analgésica, antidepresiva e induce el descanso.**
4. **Fortalece los vasos sanguíneos.** Fragilidad capilar, sangrado espontáneo.

Precauciones: Contraindicada en personas con enfermedades autoinmunes, especialmente en el lupus (LED).

Presentación: Deshidratada, en cápsulas. Extracto alcohólico 1:3.

Dosificación: Deshidratada: 2 cápsulas 3 veces por día. Extracto: 20 gotas 3 veces por día.

9 • ANGÉLICA

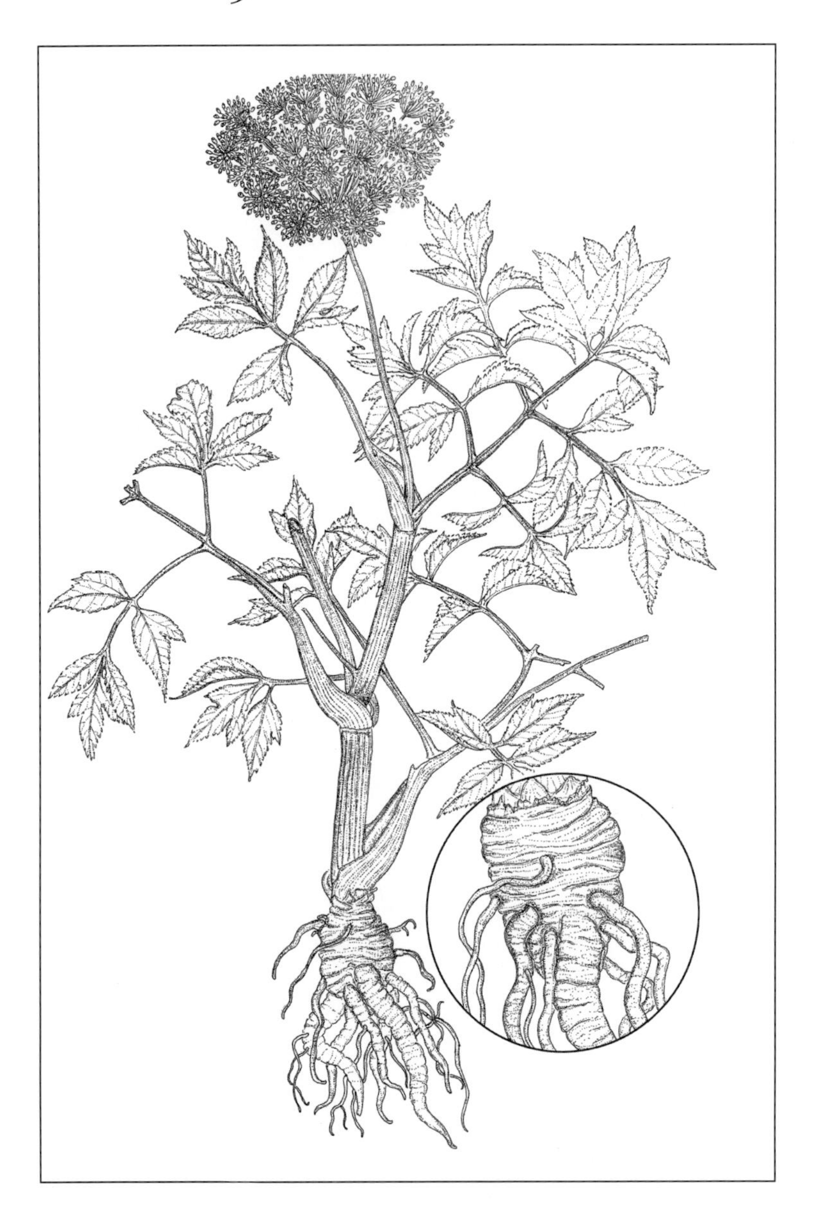

Nombre común	Angélica
Nombre farmacéutico	*radix Angelicae*
Nombre botánico	*Angelica archangelica L.*
Parte usada	La raíz

Naturaleza

Propiedades:

Primarias: **Sabor:** Picante, amargo y dulce.
Temperatura: Cálida.
Humedad: Seca.

Secundarias: Restablece, relaja, descongestiona.

Afinidades:

Órganos y sistemas: Útero, pulmones, intestinos, estómago, órganos urinarios y cabeza.
Organismos: Aire y Líquidos.
Canales: Ig, P, B, Chong y Ren.
Doshas: Vata+, Pitta+, Kapha-.

Terrenos:

Temperamentos: Flemático.
Biotipos: Taiyin-dependiente-tierra.

Componentes químicos: Angelicina, arcangelicina, cumarinas, furocumarinas, xantoxilina, isoimperatoína, alfa y betafelandrenos, alfapinenos. Ácidos: bernsteínico, angélico, valeriánico, málico y acético.

Categoría: Suave, toxicidad crónica mínima.

Funciones – Usos

1. **Dispersa el yin, fortalece. Calienta y tonifica el estómago, el bazo y los intestinos. Es aperitiva, controla la distensión abdominal y elimina la humedad-moco.** Exceso del yin, deficiencia del yang del bazo, frío del estómago, enteritis crónica, gastritis crónica, debilidad general.
2. **Es sudorífica, tonifica y calienta los pulmones, expulsa las flemas. Libera el exterior, dispersa el viento-frío, mejora la respiración y despeja la cabeza, mueve la linfa.** Viento-externo-frío, flema-frío de los pulmones, asma bronquial crónica. Obstrucción por viento-humedad, flema-frío de la cabeza, ganglios de cabeza y cuello inflamados.
3. **Tonifica y calienta el útero, regula e induce las menstruaciones, colabora en el trabajo de parto.** Deficiencia del qi del útero: insuficiencia estrogénica, dificultad en el trabajo de parto, retención de la placenta. Humedad-frío del útero.
4. **Detiene la constricción, es antiespasmódica, calma los nervios y mejora la disnea.** Constricción del qi de los pulmones, asma espasmódica.
5. **Es inmunoestimulante, desinflama y mejora las contusiones.** Heridas y ulceraciones internas o exteriores.

Precauciones: Contraindicada durante el embarazo por ser estimulante del útero.
Presentación: Extracto alcohólico 1:3.
Dosificación: 20-30 gotas 3 veces por día.

IO • ANÍS

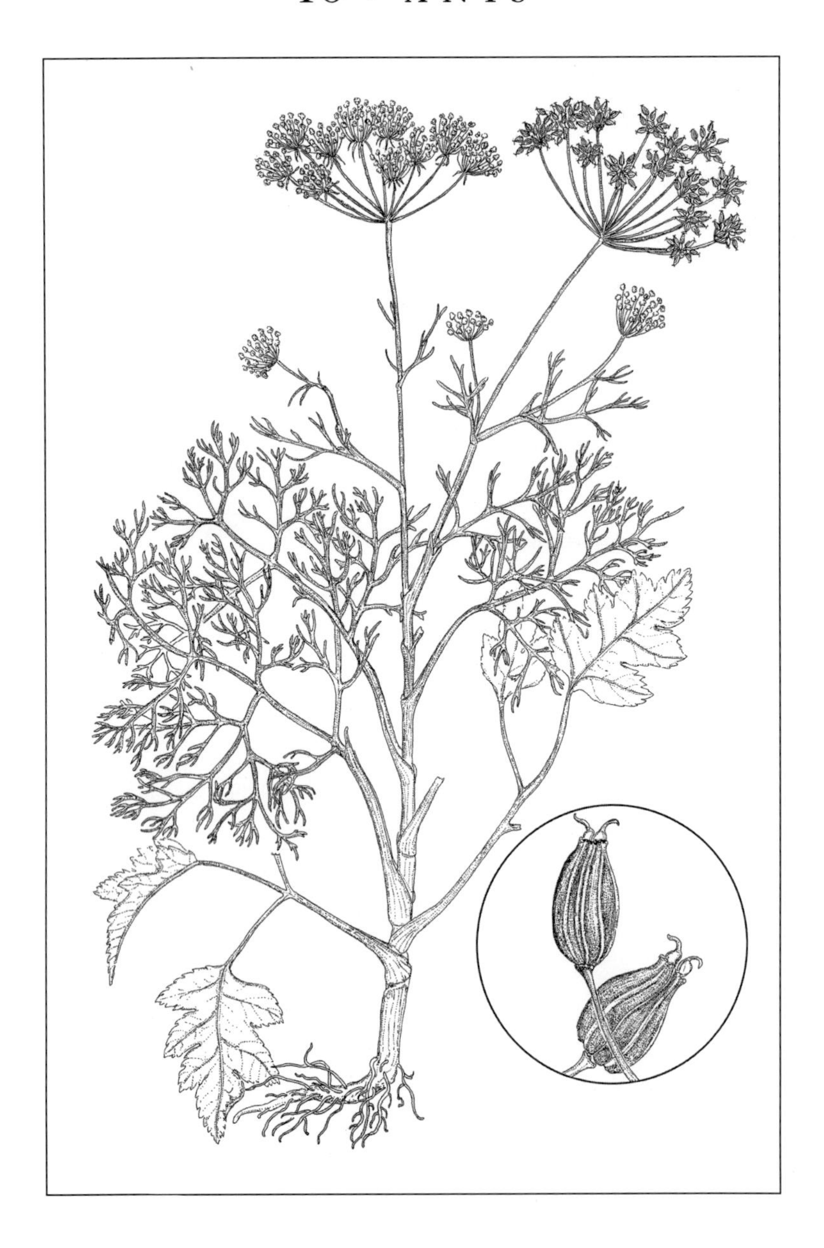

Nombre común	Anís
Nombre farmacéutico	*fructus Anisi*
Nombre botánico	*Pimpinella anisum L.*
Parte usada	La semilla

Naturaleza

Propiedades:

Primarias: **Sabor:** Picante y dulce.
Temperatura: Caliente.
Humedad: Seca.

Secundarias: Estimula, relaja y restablece.

Afinidades:

Órganos y sistemas: Sistema cardiovascular, pulmones, intestinos y útero.
Organismos: Aire.
Canales: C, P, B.
Doshas: Vata-, Pitta+, Kapha-.

Terrenos:

Temperamentos: Todos.
Biotipos: Todos.

Componentes químicos: Anetol, metilcabicol, estragol, ácido málico, resinas, terpenos, aceite esencial.

Categoría: Suave, toxicidad crónica mínima.

Funciones – Usos

1. **Calma los nervios, es antiespasmódico, analgésico, induce la circulación del qi, seca la humedad-moco.** Constricción del qi de corazón, pulmones, intestinos y útero. Eretismo cardiovascular, dolor por gota o reumático, vómito nervioso, humedad del bazo.
2. **Recupera la deficiencia, aumenta el qi, restablece los pulmones y el corazón, promueve los líquidos, fortalece, beneficia la visión.** Deficiencia del qi del corazón, deficiencia del qi de los pulmones, debilidad crónica, disminución de la visión, hipogalactia.
3. **Tonifica los pulmones, mejora la respiración, expulsa las flemas.** Frío-flema en los pulmones, disnea asmática.
4. **Es antiinfeccioso, antídoto.** Repelente de insectos.

Precauciones: Ninguna.
Presentación: Extracto alcohólico 1:3.
Dosificación: 20 gotas 3 veces por día.

II • APIO

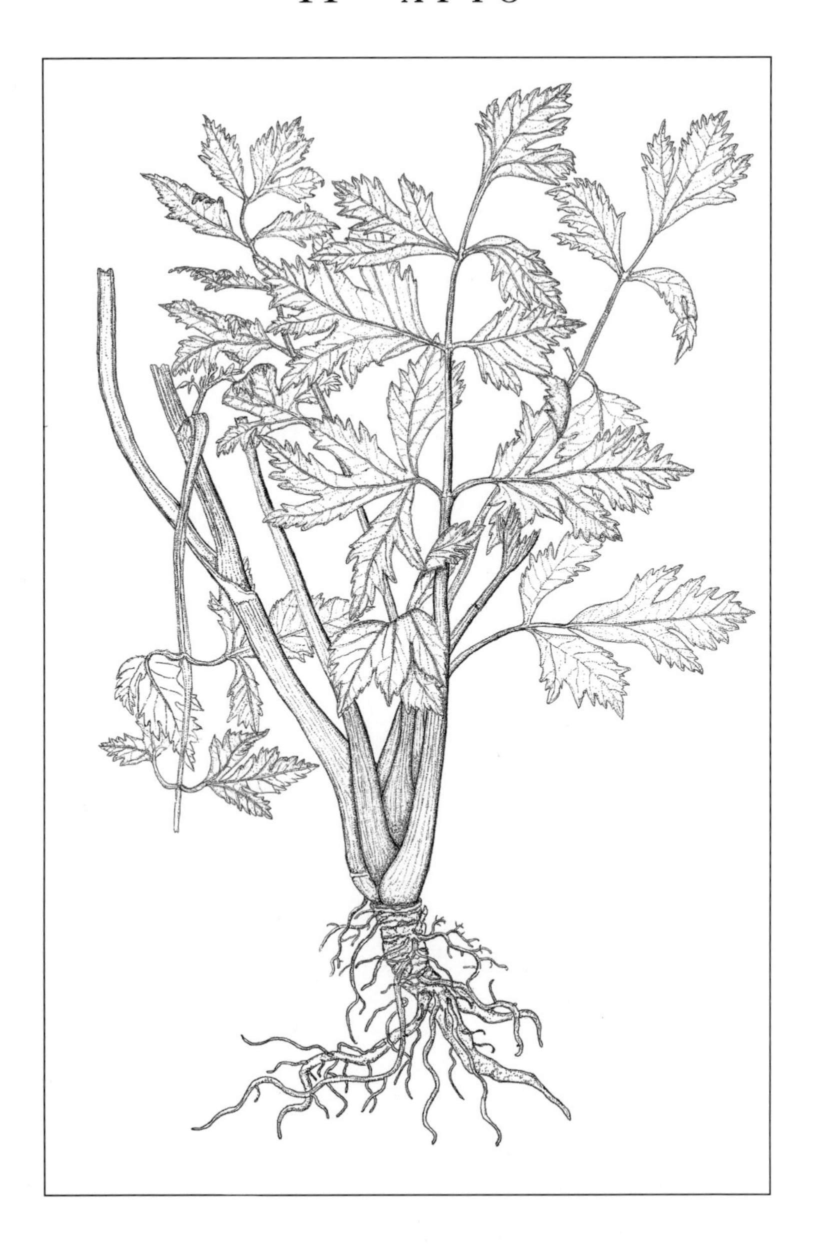

Nombre común	Apio
Nombre farmacéutico	*fructus Apii*
Nombre botánico	*Apium graveolens L.*
Parte usada	Las semillas

Naturaleza

Propiedades:

Primarias: **Sabor:** Amargo y dulce.
Temperatura: Fresca.
Humedad: Húmeda

Secundarias: Estimula, disuelve, recupera y nutre.

Afinidades:

Órganos y sistemas: Riñones, vejiga, hígado, intestinos, estómago, páncreas y líquidos corporales.

Organismos: Aire y Líquidos.

Canales: R, V, H, Chong y Ren.

Doshas: Vata=, Pitta-, Kapha-.

Terrenos:

Temperamentos: Todos.

Biotipos: Todos.

Componentes químicos: Apiol, bergapteno, flavonoides, colina, apiína, tirosina, asparagina, cumarinas, trazas minerales de: Mg, Na, P, Mn, Cl, I. Vitaminas: A, B, C y E.

Categoría: Suave, toxicidad crónica mínima.

Funciones – Usos

1. **Es depurativo del hígado y los riñones, diurético, ablanda los depósitos.** Discrasia general, estancamiento del qi de los riñones, litiasis. Congestión de los líquidos del hígado.
2. **Es febrífugo, antiséptico y antiinflamatorio.** Humedad-calor de la vejiga; infección urinaria aguda, fiebres shaoyang y shaoyin.
3. **Recupera el hígado, el estómago y el páncreas, abre el apetito, desestanca y alivia la distensión.** Deficiencia del qi del hígado y del estómago, estancamiento del qi de los intestinos, diabetes.
4. **Tonifica y recupera el útero, promueve la menstruación y la lactación.** Estancamiento del qi del útero, debilidad en el posparto y de los órganos reproductivos, agalactia.
5. **Tonifica los nervios y las suprarrenales, nutre y fortifica, mejora la disnea y beneficia la garganta.** Deficiencia nerviosa, insuficiencia de las suprarrenales, deficiencia del yang del pulmón y de los riñones. Disnea, asma en estados de deficiencia del yang o del qi. Afonía.

Precauciones: Contraindicado durante el embarazo por ser estimulante uterino.

Presentación: Extracto alcohólico 1:3.

Dosificación: 20 gotas 3 veces por día.

12 • ÁRNICA

Nombre común	Árnica
Nombre farmacéutico	*flos Arnicae*
Nombre botánico	*Arnica montana L.*
Parte usada	La flor

Naturaleza

Propiedades:

Primarias: **Sabor:** Dulce, picante y amargo.
Temperatura: Neutral.
Humedad: Neutral.

Secundarias: Relaja, restablece, estimula.

Afinidades:

Órganos y sistemas: Sistema nervioso, médula espinal, corazón y pulmones.
Organismos: Aire y Temperatura.
Canales: C, Pr.
Doshas: Vata+, Pitta-, Kapha-.

Terrenos:

Temperamentos: Todos.
Biotipos: Todos.

Componentes químicos: Arnicina, arnicolida, quenferol, taradiol, quercetol, heterósidos, ésteres de timol, lactonas, helenanina, astragalina, isoquercitina, ácido málico, ácido salicílico, ácido tánico, fulina, alcaloides volátiles, amargos, cardiotónicos, sustancias similares a las hormonas suprarrenales.

Categoría: Medianamente fuerte, con alguna toxicidad crónica.

Funciones – Usos

1. **Tonifica la circulación, el corazón y los pulmones, es antiespasmódica, descongestiona la sangre y mejora la respiración.** Deficiencia del yang del corazón, deficiencia de la sangre del corazón, espasmo arterial coronario, deficiencia del qi del corazón.
2. **Recupera los nervios y restablece el cerebro, es antidepresiva y levanta el espíritu.** Neurastenia, depresión, colapso de tipo yin, paraplejia, coma hipoglicémico. Debilidad general y convalecencia.
3. **Es febrífuga, calma el espíritu, elimina el calor, combate la deficiencia del yin.** Fiebre tifoidea, fiebres shaoyin, desasosiego, deficiencia general del yin.
4. **Incrementa las defensas, desinflama, es analgésica, cicatriza, alivia las contusiones.** Fuego-toxinas, trauma, infecciones crónicas de garganta y laringe, disfonía, inflamación de los músculos, dolor de espalda, alopecia.

Precauciones: Evitar el uso prolongado y continuo.

Presentación: Extracto alcohólico 1:4. Como ingrediente en cremas y lociones.

Dosificación: 5-10 gotas una sola vez en los casos agudos y 5 gotas 3 veces por día durante 6-7 días en los casos crónicos.

13 • ARTEMISIA

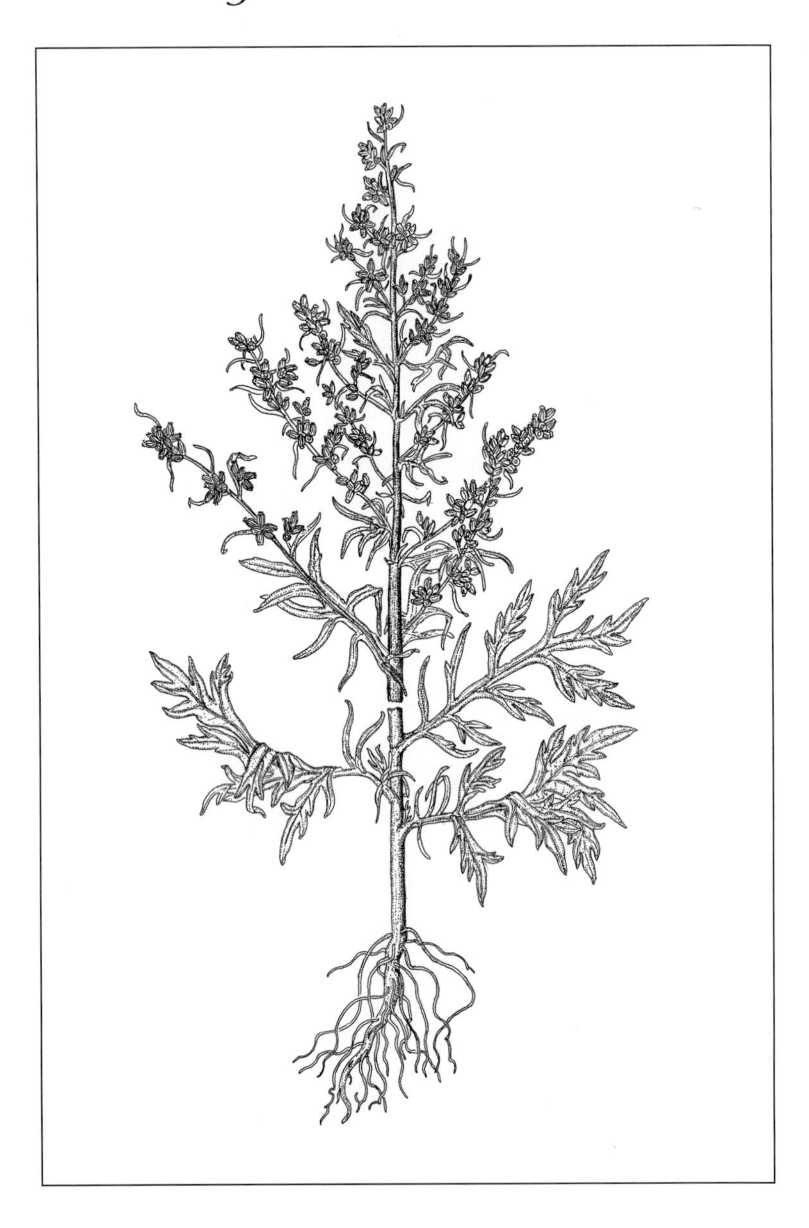

Nombre común	Artemisia
Nombre farmacéutico	*herba Artemisia vul.*
Nombre botánico	*Artemisia vulgaris L.*
Parte usada	Toda la planta

Naturaleza

Propiedades:

Primarias: **Sabor:** Picante y amargo.
Temperatura: Fresca.
Humedad: Seca.

Secundarias: Restablece, estimula, descongestiona.

Afinidades:

Órganos y sistemas: Hígado, útero, estómago, intestinos, sangre.
Organismos: Aire y Líquidos.
Canales: Chong y Ren, H, V.
Doshas: Vata-, Pitta+, Kapha-.

Terrenos:

Temperamentos: Colérico.
Biotipos: Taiyang-industrioso y Shaoyang-reflexivo.

Componentes **químicos:** Tauremicina, sitosterina, tetraicosanol, tujona, quebrachita, farneol, inulina, flavonoides, taninos, glicósidos amargos y cineol.

Categoría: Medianamente fuerte, con alguna toxicidad crónica.

Funciones – Usos

1. **Tonifica el hígado y el estómago, es aperitiva, diurética y depurativa.** Deficiencia del qi del hígado y del estómago, estancamiento del qi del hígado, congestión de los líquidos del hígado.
2. **Tonifica y estimula el útero, regula las menstruaciones, colabora en el trabajo del parto y en la expulsión de los restos placentarios.** Deficiencia de sangre del útero, deficiencia del qi del útero, estancamiento del qi del útero; insuficiencia de estrógenos-progestágenos, infertilidad, esterilidad, retención de la placenta.
3. **Dispersa el viento-frío, es analgésica, sudorífica y libera el exterior.** Viento-frío externo, obstrucción por viento-humedad.
4. **Es antiinflamatoria, desintoxicante, antiinfecciosa y antihelmíntica.** Infecciones urinarias e intestinales, parasitismo intestinal, humedad-calor de la vejiga.

   Precauciones: Dosis elevadas son peligrosas debido a su contenido de tujona. Contraindicada en el embarazo.

   Presentación: Extracto alcohólico 1:3.

   Dosificación: 20 gotas 3 veces por día.

14 • AVENA

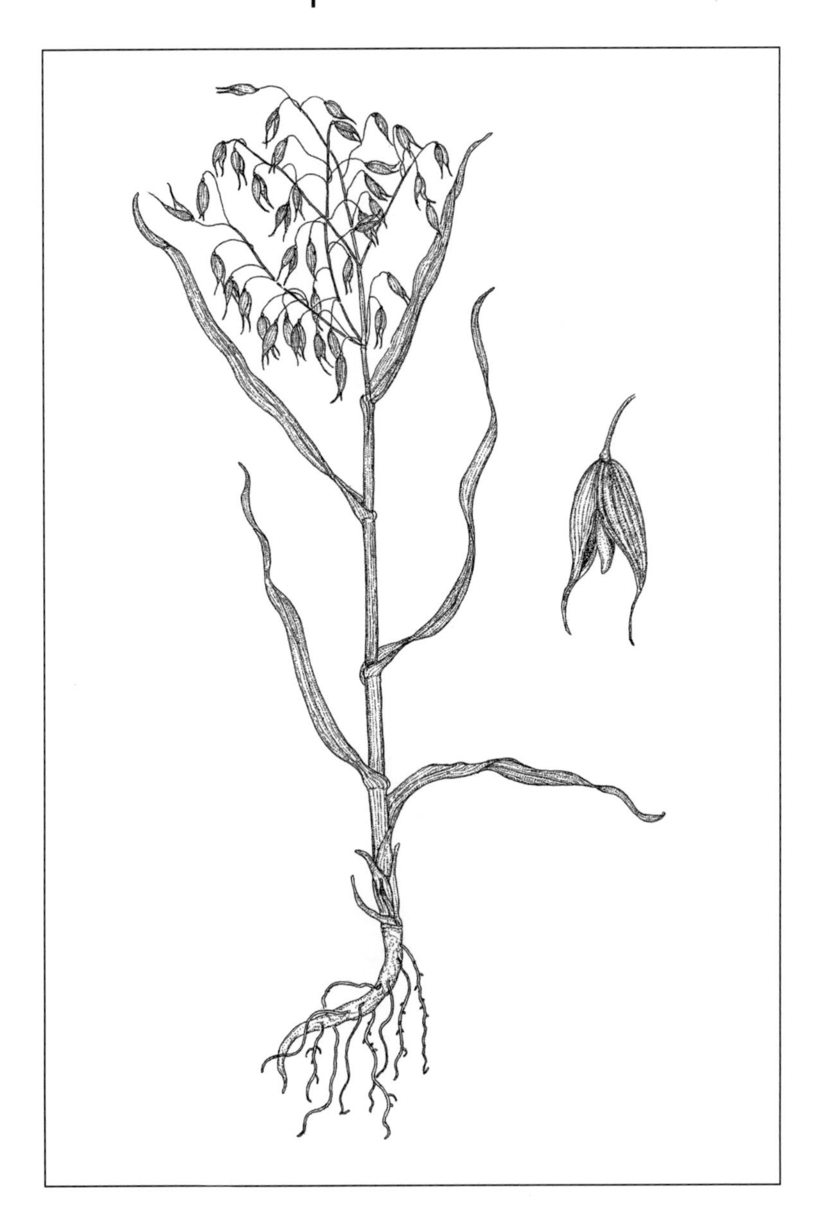

Nombre común	Avena
Nombre farmacéutico	*herba et fructus Avenae*
Nombre botánico	*Avena sativa L.*
Parte usada	La hierba

Naturaleza

Propiedades:

Primarias: **Sabor:** Dulce.
Temperatura: Cálida.
Humedad: Húmeda.

Secundarias: Nutre, estimula, relaja, espesa, solidifica.

Afinidades:

Órganos y sistemas: Sistema nervioso, cabeza, órganos reproductivos.
Organismos: Aire y Líquidos.
Canales: B, R, Chong y Ren.
Doshas: Vata-, Pitta-, Kapha+.

Terrenos:

Temperamentos: Melancólico.
Biotipos: Taiyin-sensitivo-metal.

Componentes químicos: Proteínas, flavonoides, trigonelina, saponinas, esteroles, aceites fijos, almidón, sílice, P, Mg, Ca, Fe, K, carotenos y vitaminas: B1, B2, D y P.

Categoría: Suave, toxicidad crónica mínima.

Funciones – Usos

1. **Incrementa las esencias, el qi y la sangre. Restablece los nervios, levanta el espíritu, es antidepresiva, impulsa el crecimiento y desarrollo, fortalece los huesos, el tiroides y los órganos reproductivos.** Deficiencia de las esencias del riñón, deficiencia de la sangre y del qi, debilidad mental y física, raquitismo, insuficiencia tiroidea, depresión ansiosa, insuficiencia estrogénica.
2. **Circula el qi, es antiespasmódica, anodina, relaja los nervios, induce el descanso.** Constricción del qi y debilidad de los nervios, constricción del qi del útero, neuritis, gota, neuralgias, ciática, reumatismo, insomnio.
3. **Es sudorífica, dispersa el viento y el frío, despeja la cabeza.** Viento-frío-externos, humedad-frío de la cabeza.
4. **Tonifica el corazón y el páncreas, controla la glicemia.** Lesión miocárdica.
5. **Lesiones por enfriamiento, trastornos dermatológicos crónicos.** Sabañones, enfriamiento de las extremidades.

Precauciones: Ninguna.
Presentación: Extracto alcohólico 1:3.
Dosificación: 20 gotas 3 veces por día.

15 • BARDANA

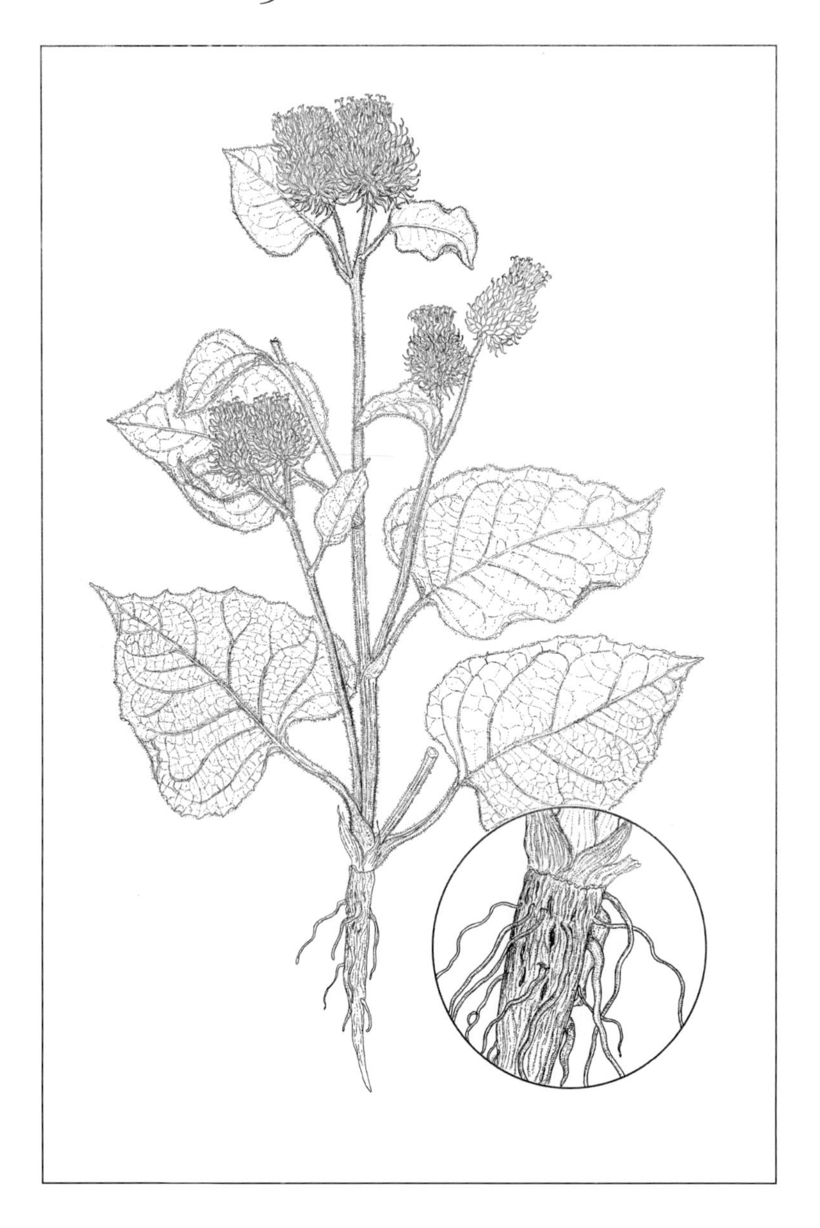

Nombre común	Bardana
Nombre farmacéutico	*radix Arctii*
Nombre botánico	*Arctium lappa L.*
Parte usada	La raíz

Naturaleza

Propiedades:

Primarias: **Sabor:** Amargo y picante.
Temperatura: Fresca.
Humedad: Neutral.

Secundarias: Recupera, estimula y disuelve.

Afinidades:

Órganos y sistemas: Hígado, riñones y vejiga.
Organismos: Aire y Líquidos.
Canales: H, R, Ig.
Doshas: Vata+, Pitta-, Kapha-.

Terrenos:

Temperamentos: Todos.
Biotipos: Todos.

Componentes químicos: Taninos amargos, flavonoides, inulina, resinas, mucílagos, aceite esencial, ácidos tánico y fosfórico, antisépticos y yodo.

Categoría: Suave, toxicidad crónica mínima.

Funciones – Usos

1. **Es depurativa, desintoxica, limpia los riñones, diurética, expulsa los cálculos.** Estancamiento del qi de los riñones, con toxemia general, discrasia general de los líquidos, artritis, litiasis renal.
2. **Restablece los urogenitales, regula la diuresis, alivia la irritación, estimula los riñones, el útero, filtra el agua y promueve las menstruaciones.** Deficiencia del qi genitourinario (inestabilidad del qi de los riñones), polaquiurias y poliurias, vejiga irritada, disuria, congestión de líquidos de los riñones, estancamiento del qi del útero.
3. **Restablece el hígado, el estómago y el páncreas, eleva el qi central.** Deficiencia del qi del estómago y del hígado, hundimiento del qi central y diabetes.
4. **Produce sudoración, dispersa viento-calor, resuelve las erupciones.** Viento externo-calor. Fiebres eruptivas.
5. **Activa defensas, es antibiótica y antídoto de venenos.** Herpes, intoxicación por hierbas.
6. **Desinflama, desintoxica, regenera tejidos, beneficia la piel.** Humedad-calor de la piel, venéreas, ulceraciones, tumores duros y móviles, todo tipo de trastornos de la piel y alopecia.

Precauciones: Ninguna.
Presentación: Extracto alcohólico 1:3.
Dosificación: 20 gotas 3 veces por día.

16 • BERGAMOTA

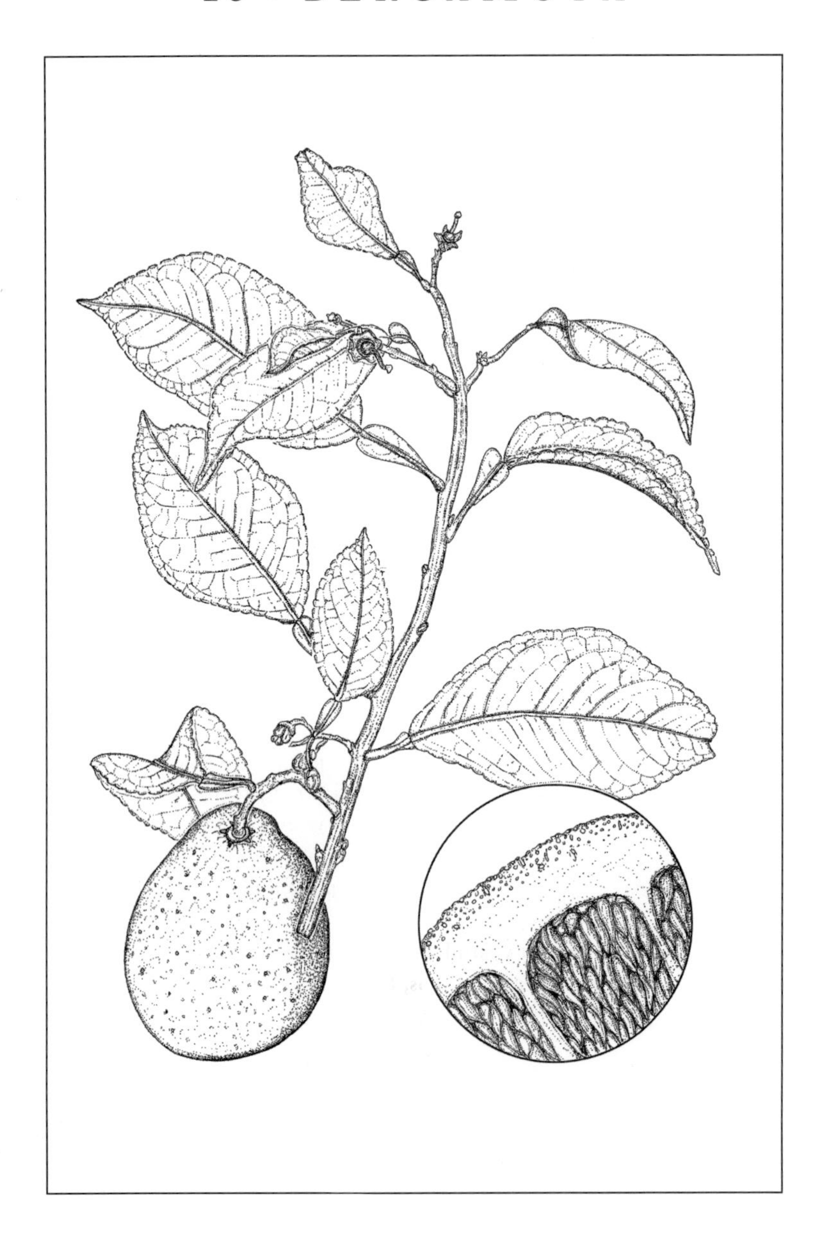

Nombre común	Bergamota
Nombre farmacéutico	*pericarpium Citri aurantii bergamotae*
Nombre botánico	*Citrus aurantium* spp. *Bergamia*
Parte usada	El pericarpio

Naturaleza

Propiedades:

Primarias: **Sabor:** Amargo, dulce y picante.
Temperatura: Neutral.
Humedad: Neutral.

Secundarias: Restablece, relaja, calma.

Afinidades:

Órganos y sistemas: SNC, estómago, hígado, intestinos, pulmones y útero.
Organismos: Aire y Temperatura.
Canales: E, H, P.
Doshas: Vata-, Pitta+, Kapha-.

Terrenos:

Temperamentos: Sanguíneo y Colérico.
Biotipos: Jueyin-expresivo y Shaoyang-reflexivo.

Componentes químicos: Limoneno, linalol, linalilo, bergapteno, bergamotina, ácido cítrico y vitamina C.

Categoría: Suave, toxicidad crónica mínima.

Funciones – Usos

1. **Induce la circulación del qi, relaja los nervios, es antiespasmódica, elimina la constricción, serena la irritabilidad e induce el descanso.** Constricción del qi en general, del qi intestinal, pulmonar y uterino en particular.
2. **Levanta el espíritu, es antidepresiva, restablece el estómago y el hígado, remueve el estancamiento, serena el estómago, es aperitiva.** Deficiencia del qi del estómago y del hígado, náusea y vómito, depresión en general.
3. **Es febrífuga, desinflamante, antibiótica, elimina el calor, controla las secreciones, seca la humedad-moco, regenera los tejidos.** Fiebres shaoyang, fuego del estómago, infecciones pulmonares, urogenitales, dermatológicas, orales, prurito vaginal, úlceras y heridas que no cicatrizan.
4. **Disuelve las tumoraciones y es antihelmíntica.** Fibromas y cáncer uterino.
   Precauciones: Ninguna.
   Presentación: Aceite esencial. Extracto alcohólico del pericarpio 1:3.
   Dosificación: 2-3 gotas 3 veces por día. Extracto: 20 gotas 3 veces por día.

17 • BERRO

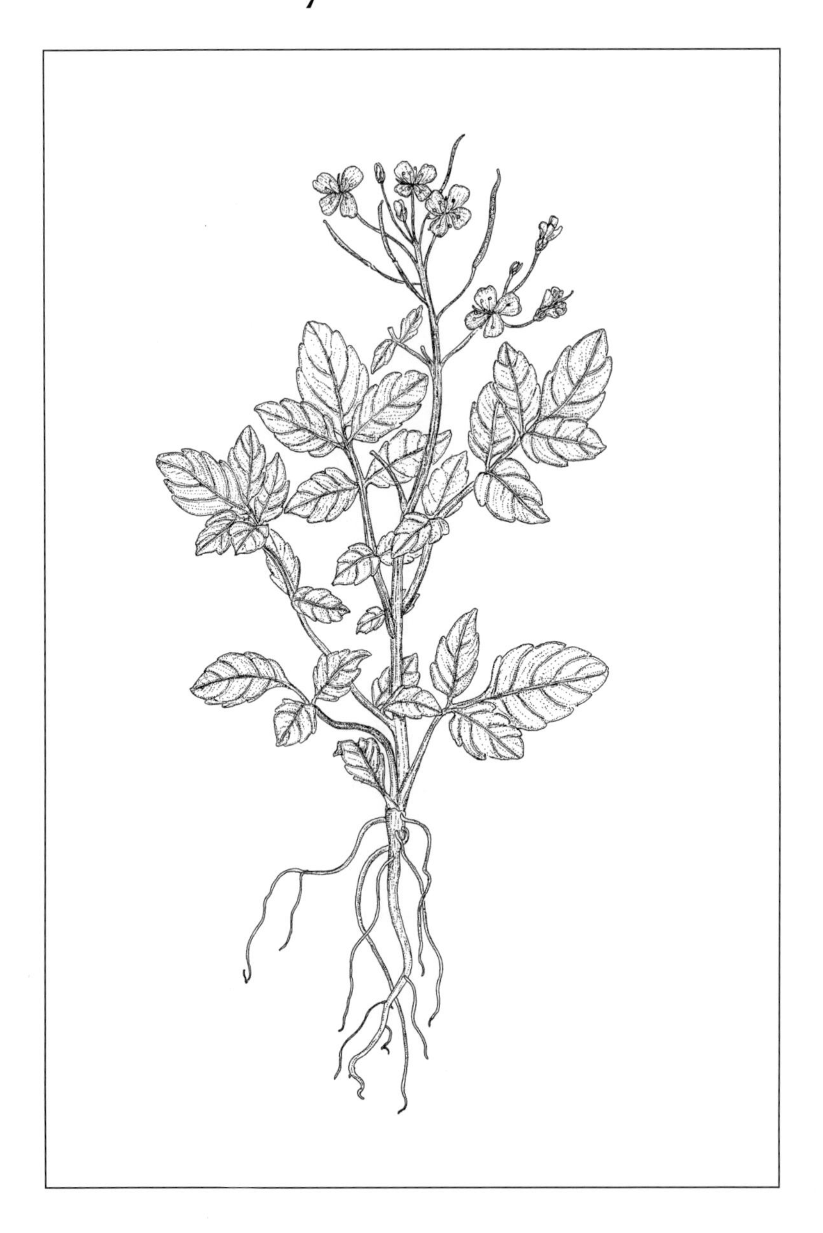

Nombre común	Berro
Nombre farmacéutico	*herba Nasturtii*
Nombre botánico	*Nasturtium officinalis L.*
Parte usada	La planta entera

Naturaleza

Propiedades:

Primarias: **Sabor:** Picante y amargo.
Temperatura: Cálida.
Humedad: Seca.

Secundarias: Nutre, estimula, restablece, ablanda y disuelve.

Afinidades:

Órganos y sistemas: Cerebro, nervios, tiroides, pituitaria, páncreas, sangre, líquidos, linfa, estómago, hígado e intestinos.

Organismos: Aire y Líquidos.

Canales: B, P, E, Ig.

Doshas: Vata-, Pitta+, Kapha-.

Terrenos:

Temperamentos: Flemático, Sanguíneo y Melancólico.

Biotipos: Todos.

Componentes químicos: Gluconasturtina, rapanol, aceite fenilmetil-mostaza, diastasas. Trazas de: Ca, I, Fl, P, Fe, Cl, Mn, Zn, Cu, Ar, Si, S, Ge. Vitaminas: A, C, D y niacina.

Categoría: Suave, toxicidad crónica mínima.

Funciones – Usos

1. **Es inmunoestimulante, nutritivo, restablece la sangre, las glándulas endocrinas, los nervios, el cerebro, induce la lactación.** Deficiencia del tiroides, de la pituitaria, de los nervios, anemia, hipogalactia, debilidad y agotamiento generales.
2. **Recupera el estómago, el páncreas, el hígado, la vesícula biliar.** Deficiencia del qi del hígado y del estómago, insuficiencia biliar. Diabetes (mejora algunos síntomas).
3. **Es diurético, depurativo, desintoxica, activa la linfa, ablanda los depósitos.** Congestión general de los líquidos, toxemia, congestión linfática, cálculos urinarios, erupciones cutáneas, escrófula.
4. **Tonifica los pulmones, expulsa la flema, despeja la cabeza, elimina el moco y la humedad.** Humedad-flema de los pulmones, bronquitis, humedad-frío de la cabeza, humedad del bazo.

Precauciones: Para evitar la irritación vesical, úsese por 3 días y descánsese 8.
Presentación: Extracto alcohólico 1:3.
Dosificación: 25 gotas 3 veces por día.

18 • BOLSA DE PASTOR

Nombre común	Bolsa de pastor
Nombre farmacéutico	*herba Capsellae*
Nombre botánico	*Capsella bursa pastoris L.*
Parte usada	Toda la planta

Naturaleza

Propiedades:

Primarias: **Sabor:** Amargo y astringente.
Temperatura: Fresca.
Humedad: Seca.

Secundarias: Descongestiona, astringe, estimula, restablece. Movimiento estabilizante.

Afinidades:

Órganos y sistemas: Riñones, corazón, útero, intestinos, urogenitales, venas.
Organismos: Líquidos y Aire.
Canales: H, C, Ig, Chong y Ren.
Doshas: Vata+, Pitta-, Kapha-.

Terrenos:

Temperamentos: Sanguíneo y Melancólico.
Biotipos: Jueyin-expresivo y Shaoyin-agobiado.

Componentes químicos: Bursina, diosmina, colina, acetilcolina, taninos, aminofenoles, tiramina, glicósido de la mostaza. Ácidos: acético, málico, fosfórico, silícico y cítrico. Saponinas, Ca, Fe, Na, Zn y vitaminas C y K.

Categoría: Suave, toxicidad crónica mínima.

Funciones – Usos

1. **Descongestiona, vivifica la sangre, astringe, modera las menstruaciones, es hemostática, seca el moco-humedad, detiene las descargas.** Congestión de la sangre del útero, estancamiento de la sangre venosa, menorragias, hernia inguinal, diarrea crónica, infección de los genitales.
2. **Es cicatrizante, antibiótica y antiinflamatoria.** Humedad-calor de los intestinos, enteritis, disentería, fiebres, malaria, heridas y escoriaciones.
3. **Tonifica y remueve el estancamiento de los intestinos, promueve el movimiento intestinal, limpia los riñones, expulsa los cálculos.** Estancamiento del qi de los intestinos y de los riñones; litiasis urinaria.
4. **Estimula el útero, induce las contracciones, apoya el trabajo de parto.**
5. **Recupera el corazón y normaliza la circulación.** Deficiencia del qi del corazón, trastornos de la tensión arterial.

Precauciones: Ninguna.
Presentación: Extracto alcohólico 1:3.
Dosificación: 20 gotas 3 veces por día.

19 • BORRAJA

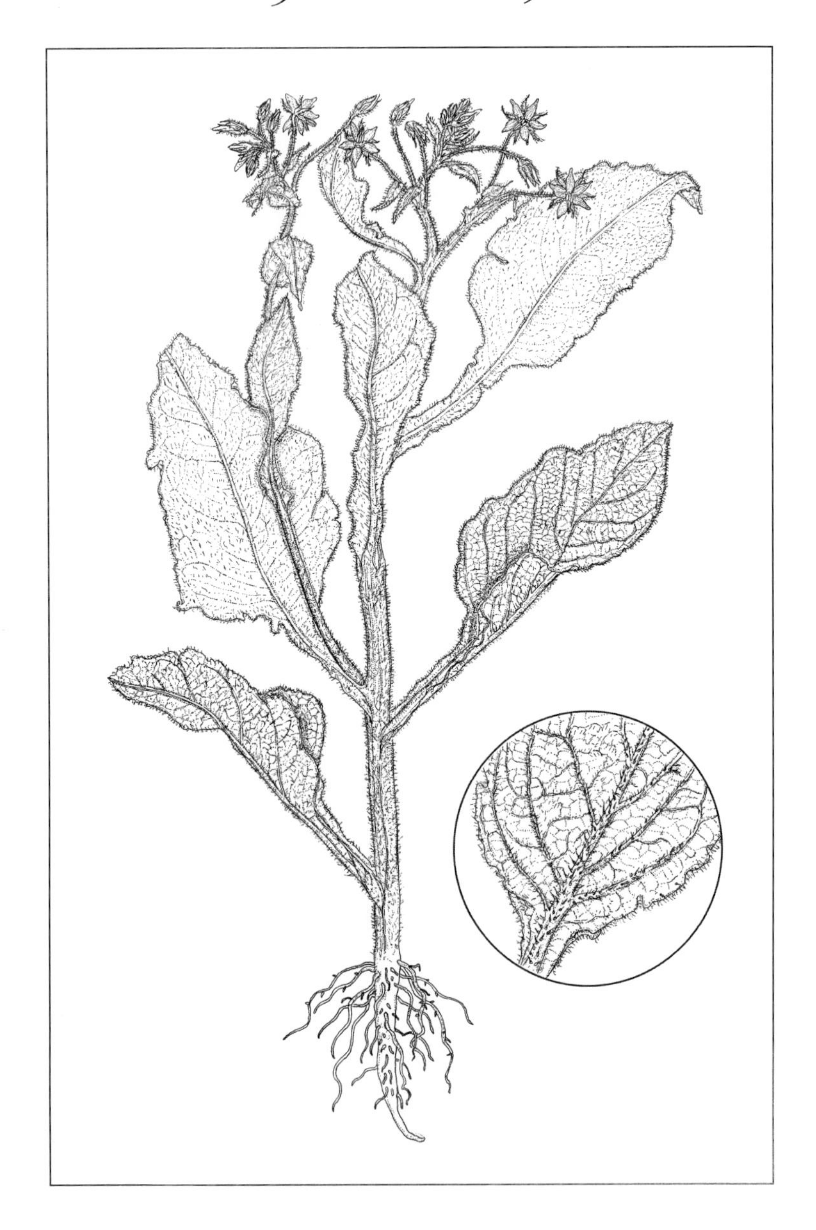

Nombre común	Borraja
Nombre farmacéutico	*folium Boraginis*
Nombre botánico	*Borago officinalis L.*
Parte usada	Las hojas

Naturaleza

Propiedades:

Primarias: **Sabor:** Dulce y salado.
Temperatura: Fría.
Humedad: Húmeda.

Secundarias: Restablece, astringe, afloja y calma.

Afinidades:

Órganos y sistemas: Pulmones, corazón, riñones y vejiga.
Organismos: Líquidos.
Canales: P, C, R.
Doshas: Vata+, Pitta-, Kapha-.

Terrenos:

Temperamentos: Sanguíneo y Colérico.
Biotipos: Yangming-encantador-tierra, Taiyang-industrioso y Shaoyang-reflexivo.

Componentes químicos: Asparagina, compuestos cianogénicos, saponinas, taninos, nitrato de K. Ácidos: acético, málico y láctico. Trazas minerales, aceite esencial, resinas y mucílagos.

Categoría: Suave, toxicidad crónica mínima.

Funciones – Usos

1. **Tonifica el yin, humedece, elimina el calor, desinflama, desintoxica, tonifica el corazón, exalta el espíritu.** Deficiencia del qi de los pulmones, viento-calor-sequedad de los pulmones; TBC, pleuresía. Deficiencias del yin del corazón, fiebres de tipo shaoyin. Resecamiento de la piel, dermatosis, depresión.
2. **Es sudorífica, febrífuga, dispersa viento-calor, resuelve las erupciones y alivia la garganta.** Viento-calor de los pulmones; laringitis, traqueítis, sarampión, varicela.
3. **Es diurética, desintoxicante, dérmica.** Toxemia general, estancamiento del qi de los riñones, humedad-calor de la vejiga.

Precauciones: Ninguna.
Presentación: Extracto alcohólico 1:3.
Dosificación: 20 gotas 3 veces por día.

20 • CÁLAMO

Nombre común	Cálamo
Nombre farmacéutico	*rhizoma Acori*
Nombre botánico	*Acorus calamus L.*
Parte usada	El rizoma

Naturaleza

Propiedades:

Primarias: **Sabor:** Picante, amargo y dulce.
Temperatura: Cálida.
Humedad: Seca.

Secundarias: Astringe, restablece, relaja, descongestiona y disuelve.

Afinidades:

Órganos y sistemas: Intestinos, estómago, hígado, útero, sistema urinario.
Organismos: Aire y Temperatura.
Canales: B, E, P, H.
Doshas: Vata=, Pitta+, Kapha-.

Terrenos:

Temperamentos: Flemático y Melancólico.
Biotipos: Taiyin-dependiente-tierra, Yangming-autoestima-metal y Shaoyin-agobiado.

Componentes químicos: Asarona, asamil, acorina, eugenol, amargos, taninos, mucílagos.
Categoría: Suave, toxicidad crónica mínima.

Funciones – Usos

1. **Tonifica, relaja y calienta el estómago y los intestinos. Serena el estómago, es aperitivo y controla el vómito.** Deficiencia del yang del bazo, anorexia nerviosa. Sequedad del estómago, gastritis aguda. Constricción del qi de los intestinos, reflujo del qi del estómago; hipo e hiperacidez, úlcera. Náusea y vómito.
2. **Astringe, expulsa las flemas, seca la humedad, despeja la cabeza, controla las secreciones, induce las menstruaciones.** Humedad-flema de los pulmones, frío-humedad cefálicos, bronquitis, humedad del bazo, frío-humedad del útero y frío-humedad genitourinarias.
3. **Combate el estancamiento, es diurético, tonifica el hígado, es depurativo, ablanda los cálculos.** Estancamiento del qi de los riñones y del útero; litiasis urinaria, gota.
4. **Es febrífugo.** Fiebres shaoyin.
5. **Es antiinfeccioso, antídoto, inmunoestimulante, desinflamante, analgésico.** Osteoporosis, escrofulosis, dermatitis, alopecia.

   Precauciones: El aceite esencial de la variedad americana es muy tóxico por su excesivo contenido de asarona.

   Presentación: Extracto alcohólico 1:4. Aceite esencial.

   Dosificación: Extracto: 20 gotas 3 veces por día. Aceite: 4-6 gotas por día.

21 • CALÉNDULA

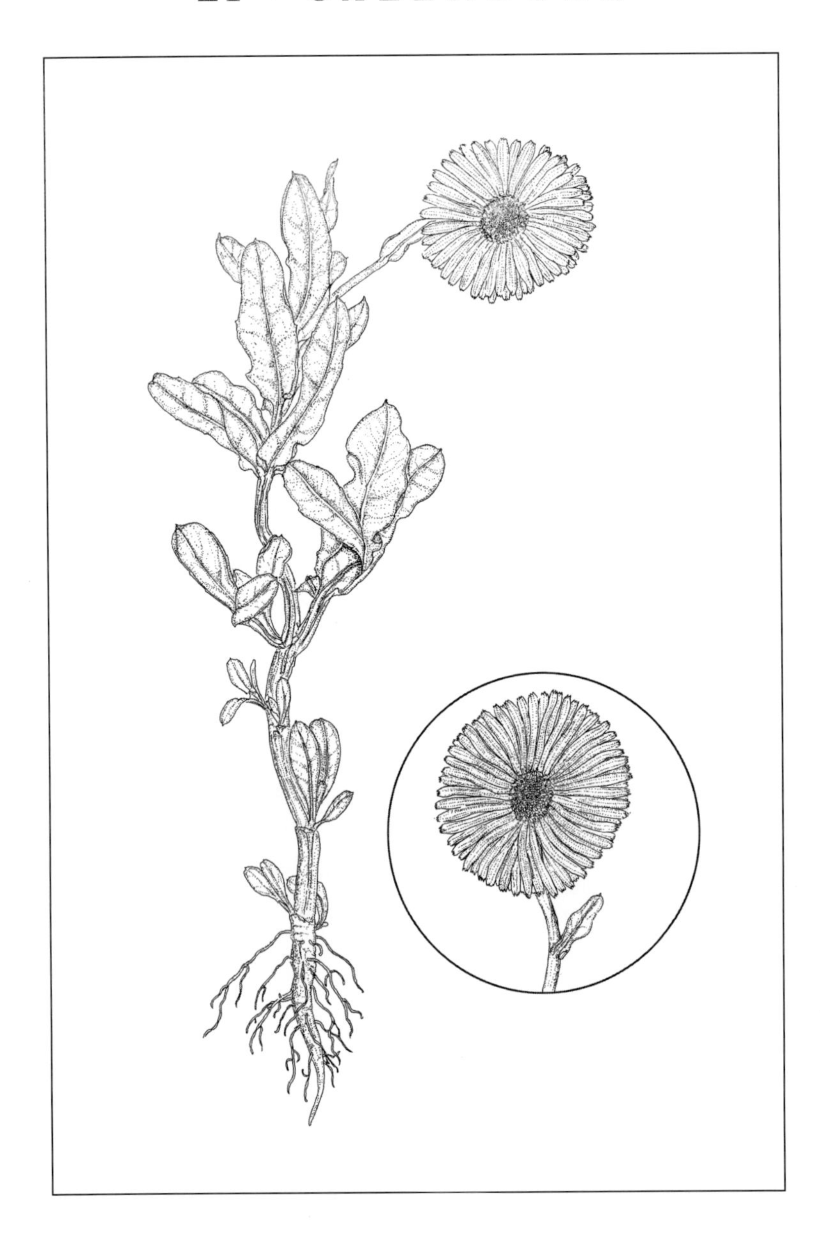

Nombre común Caléndula

Nombre farmacéutico *flos Calendulae*

Nombre botánico *Calendula officinalis L*

Parte usada Las flores

Naturaleza

Propiedades:

Primarias: **Sabor:** Amargo, dulce, salado y picante.
Temperatura: Neutral.
Humedad: Seca.

Secundarias: Descongestiona, estimula, astringe, reblandece, disuelve.

Afinidades:

Órganos y sistemas: Corazón, hígado, útero, venas, linfáticos, sangre y piel.
Organismos: Líquidos y Aire.
Canales: H, C, Chong y Ren.
Doshas: Vata+, Pitta-, Kapha-.

Terrenos:

Temperamentos: Sanguíneo.
Biotipos: Jueyin-expresivo.

Componentes químicos: Caroteno, calendulina, licopina, flavonoides, terpenoides, esteroles, saponinas, mucílagos, aceite esencial, resinas, amargos. Ácidos: salicílico, málico, palmítico. Trazas minerales, sulfato de Ca y de K, cloruro de K.

Categoría: Suave, toxicidad crónica mínima.

Funciones – Usos

1. **Descongestiona, astringe, reaviva la sangre, es hemostática, modera las menstruaciones, seca el moco-humedad, detiene las descargas, regenera los tejidos.** Congestión de la sangre del útero, várices, flebitis, dismenorrea, manchas y pecas, úlceras orales, úlcera gástrica.
2. **Es antiinfecciosa, desinflamante, desintoxicante, disuelve las tumoraciones.** Infecciones micóticas, laringitis, gingivitis, inflamaciones ORL, lesiones dermatológicas, enfermedad inflamatoria pélvica. Enfermedad fibroquística, calor-humedad de la piel, quistes del ovario. Lesiones dérmicas malignas.
3. **Tonifica el hígado, la vesícula biliar y el útero, promueve el flujo de la bilis, actúa en la fase expulsiva del parto.** Estancamiento del qi del hígado, estancamiento del qi del útero; síndrome menopáusico.
4. **Dispersa viento-calor, es sudorífica, febrífuga, libera el exterior.** Fiebres eruptivas, fiebres shaoyin y shaoyang.
5. **Tonifica el yin, sustenta el corazón.** Deficiencia del yin del corazón.

Precauciones: No emplear en heridas secas e infectadas. Contraindicada en el embarazo.
Presentación: Extracto alcohólico 1:3. Deshidratada en polvo, cápsulas de 500 mg.
Dosificación: Extracto: 30 gotas 3 veces por día. Deshidratada: 1 cápsula 3 veces por día.

22 • CAMPANAS DE MAYO

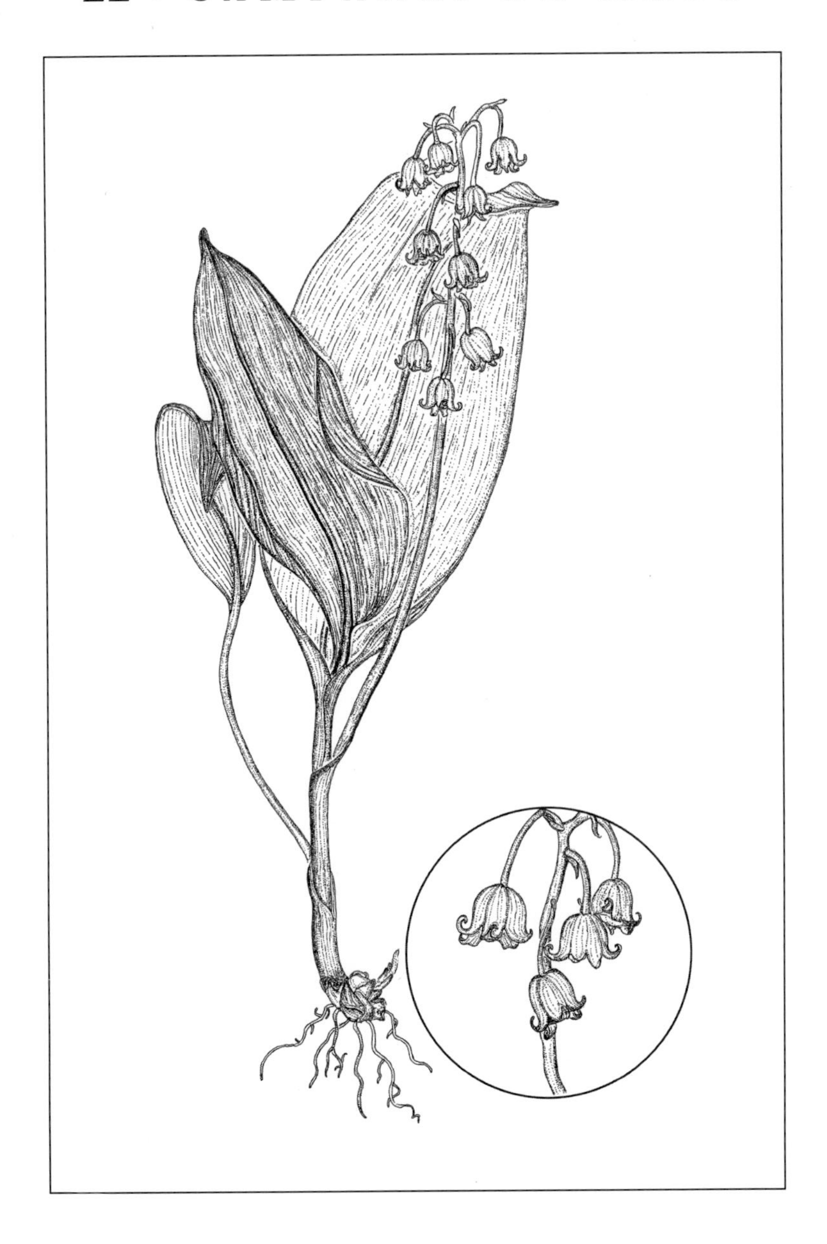

Nombre común	Campanas de mayo
Nombre farmacéutico	*flos Convallariae*
Nombre botánico	*Convallaria maialis L.*
Parte usada	La flor

Naturaleza

Propiedades:

Primarias: **Sabor:** Dulce y amargo.
Temperatura: Neutral.
Humedad: Húmeda.

Secundarias: Estimula, descongestiona, ablanda y disuelve.

Afinidades:

Órganos y sistemas: Sistema nervioso, cerebro, corazón, pericardio y circulación.
Organismos: Aire y Líquidos.
Canales: C, Pr.
Doshas: Vata+, Pitta-, Kapha-.

Terrenos:

Temperamentos: Melancólico.
Biotipos: Taiyin-metal-sensitivo.

Componentes químicos: Convalamarina, convalatoxina, asparagina, ácido convalanarínico, ácido cítrico, ácido málico, siete flavonoides, carotenos.

Categoría: Medianamente fuerte, con alguna toxicidad crónica.

Funciones – Usos

1. **Restablece el cerebro y los nervios, recupera la memoria. Levanta el espíritu, es antidepresiva, tonifica y controla el corazón.** Deficiencia del qi del corazón, enfermedad valvular. Deficiencia de la sangre del corazón; agotamiento del corazón.
2. **Tonifica el corazón, es diurética, depurativa, descongestiona, ablanda los depósitos.** Deficiencia del yang del corazón y de los riñones, asma cardiaca. Congestión de la sangre del corazón; angina de pecho, ACV, shock, coma. Congestión de los líquidos del corazón, nefritis, arterioesclerosis, reumatismo.
3. **Desintoxica, desinflama, disuelve los tumores, es antídoto.** Cataratas, tumoraciones, heridas infectadas, picaduras de insectos.

Precauciones: Tómese por periodos de 10 días y suspender otros 10, para evitar efectos secundarios.

Presentación: Extracto alcohólico 1:4.

Dosificación: 20-25 gotas dos veces por día.

23 • CANELA

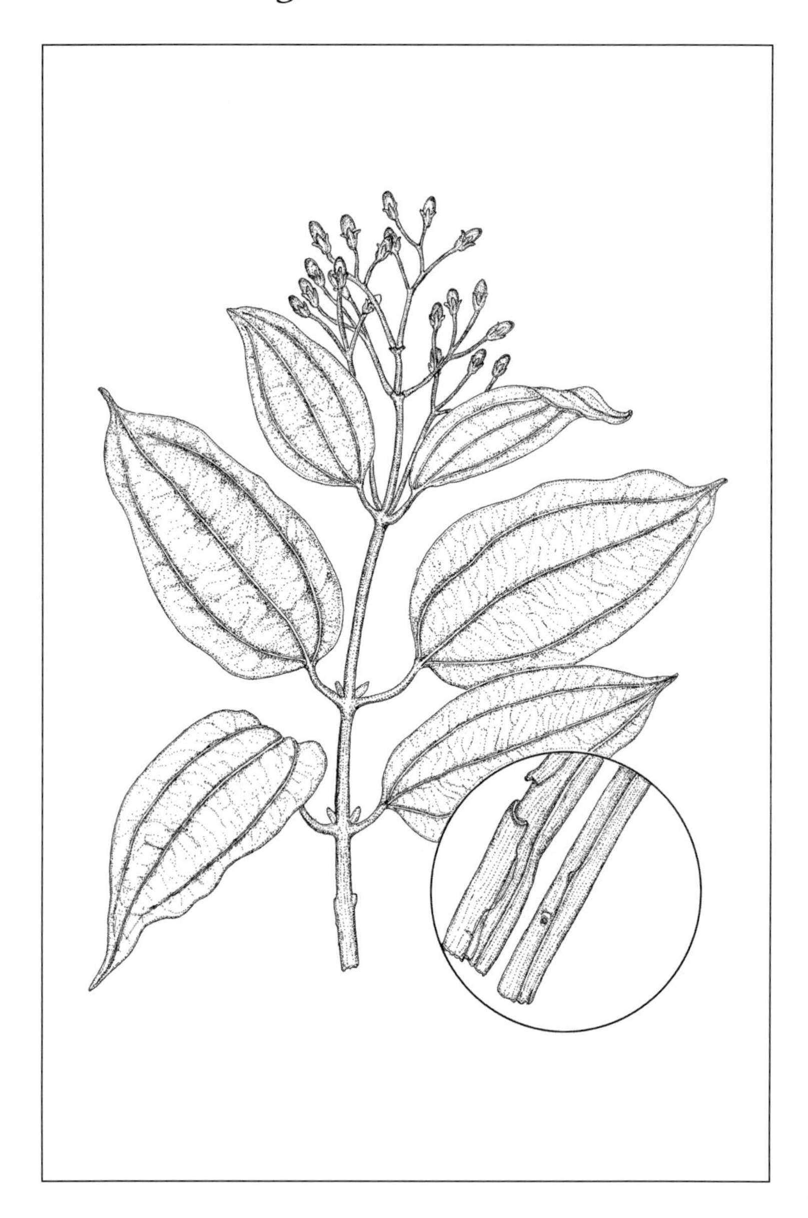

Nombre común	Canela
Nombre farmacéutico	*cortex Cinnamomi*
Nombre botánico	*Cinnamomum zeylanicum L.*
Parte usada	Las cortezas

Naturaleza

Propiedades:

Primarias: **Sabor:** Picante, astringente y dulce.
Temperatura: Caliente.
Humedad: Seca.

Secundarias: Astringe, solidifica, restablece.

Afinidades:

Órganos y sistemas: Circulación, corazón, pulmones, sistema vascular, intestinos y órganos genitourinarios.

Organismos: Temperatura.

Canales: P, B, R.

Doshas: Vata-, Pitta+, Kapha-.

Terrenos:

Temperamentos: Melancólico.

Biotipos: Shaoyin-agobiado.

Componentes químicos: Eugenol, felandrenos, taninos, manitol, azúcar, aldehídos, oxalato de calcio, almidones, gomas y mucílagos.

Categoría: Suave, toxicidad crónica mínima.

Funciones – Usos

1. **Tonifica el yang, calienta, estimula la circulación, fortalece el corazón y los pulmones.** Deficiencia del qi del corazón y de los pulmones, deficiencia de la sangre arterial y del qi en general; debilidad y agotamiento.
2. **Es sudorífica, analgésica, dispersa el viento-frío, libera el exterior.** Obstrucción por viento-humedad, viento-externo-frío.
3. **Tonifica y calienta el bazo, los intestinos, es antiflatulenta, induce las menstruaciones.** Deficiencia del yang de los riñones y del bazo, humedad-frío del útero.
4. **Es astringente, hemostática, controla las secreciones, seca el moco.** Hemorragias pasivas ginecológicas, flujos y diarreas crónicas.
5. **Es antiinfecciosa, antídoto, antihelmíntica.** Escabiosis, piojos, gusanos intestinales, picaduras ponzoñosas.

Precauciones: Contraindicada en estados de calor-deficiencia; puede ser fuerte para las mucosas y la piel aun en dosis normales.

Presentación: Aceite esencial y extracto alcohólico 1:3.

Dosificación: Aceite: 2-3 gotas 3 veces por día. Extracto: 5-20 gotas 3 veces por día.

24 • CARDAMOMO

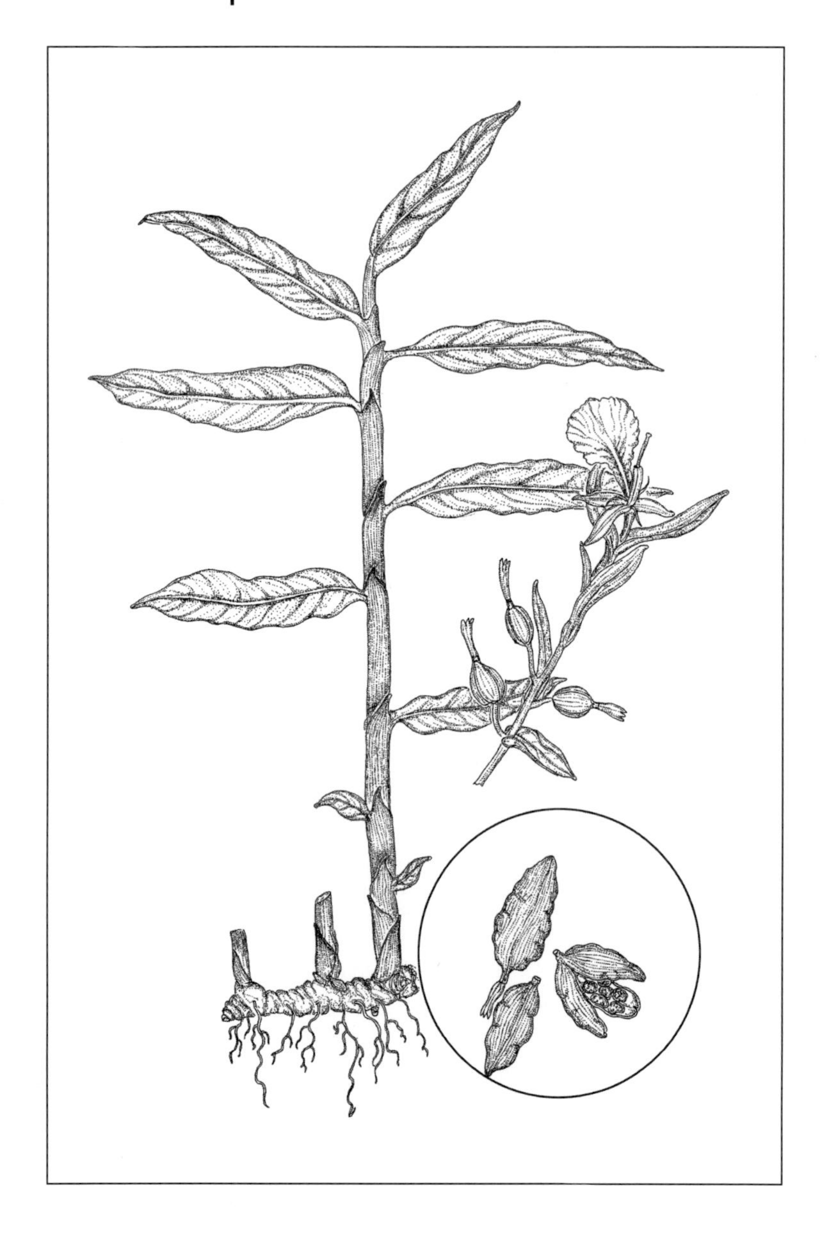

Nombre común	Cardamomo
Nombre farmacéutico	*fructus Elletariae*
Nombre botánico	*Elletaria cardamomum L.*
Parte usada	Los frutos

Naturaleza

Propiedades:

Primarias: **Sabor:** Picante, amargo y dulce.
Temperatura: Cálida.
Humedad: Seca.

Secundarias: Relaja, restablece, estimula.

Afinidades:

Órganos y sistemas: Sistema nervioso, cerebro, pulmones, estómago, intestinos.
Organismos: Aire y Temperatura.
Canales: P, B.
Doshas: Vata-, Pitta+, Kapha-.

Terrenos:

Temperamentos: Melancólico y Flemático.
Biotipos: Taiyin-sensitivo-metal y Taiyin-dependiente-tierra.

Componentes químicos: Limonenos, borneoles, terpenos, terpineol, sabinas, Mn, Fe y cineoles.
Categoría: Suave, toxicidad crónica mínima.

Funciones – Usos

1. **Aumenta el qi y recupera la deficiencia de los nervios, del bazo y de los pulmones. Fortalece, levanta el espíritu y es antidepresivo.** Deficiencias del qi en general, deficiencia del qi del bazo, de los pulmones, agotamiento nervioso.
2. **Calienta fortaleciendo el estómago y los intestinos, es antiespasmódico, aperitivo y antiemético, seca la humedad-moco.** Humedad del bazo; náusea y vómitos por reflujo del qi del estómago. Frío del estómago.
3. **Tonifica los pulmones, expulsa las flemas, despeja la cabeza.** Humedad-flema de los pulmones. Frío-humedad de la cabeza. Bronquitis, congestión nasal.
4. **Resuelve las contusiones, desintoxica.**

   Precauciones: Ninguna.
   Presentación: Aceite esencial. Extracto alcohólico 1:3.
   Dosificación: Aceite: 2-5 gotas 3 veces por día. Extracto: 10-15 gotas 3 veces por día.

25 • CARDO

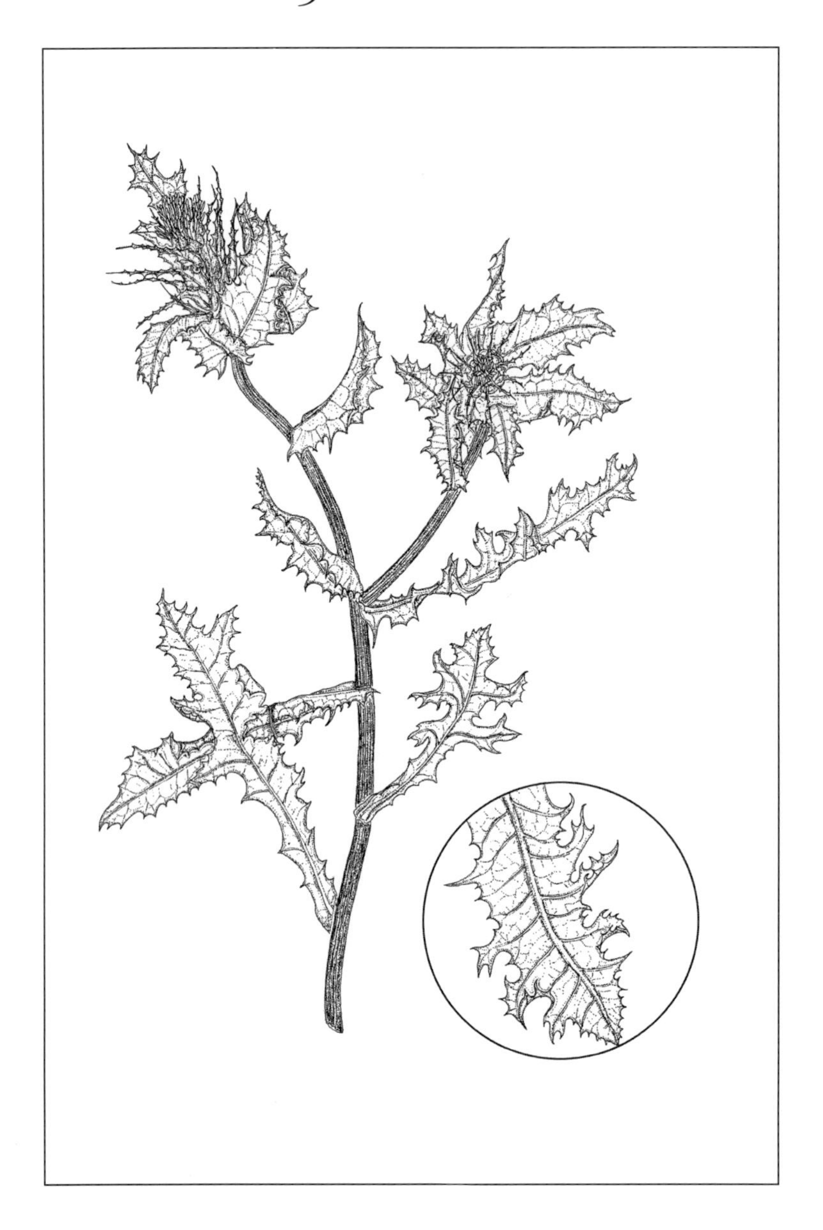

Nombre común	Cardo
Nombre farmacéutico	*herba Cardui benedicti*
Nombre botánico	*Cardus benedictus L.*
Parte usada	La hierba

Naturaleza

Propiedades:

Primarias: **Sabor:** Amargo, picante y astringente.
Temperatura: Neutral.
Humedad: Seca.

Secundarias: Estimula, restablece, descongestiona.

Afinidades:

Órganos y sistemas: Hígado, estómago, intestinos, pulmones, nervios y cerebro.
Organismos: Aire y Líquidos.
Canales: B, E, P.
Doshas: Vata+, Pitta-, Kapha+.

Terrenos:

Temperamentos: Flemático y Melancólico.
Biotipos: Taiyin-dependiente-tierra, Yangming-autoestima-metal y Taiyin-sensitivo-tierra.

Componentes químicos: Lactona, ácido nicotínico, glicósidos amargos, alcaloides, I, K, Mg, Ca, aceites esenciales, flavonoides, resinas y mucílagos.

Categoría: Suave, toxicidad crónica mínima.

Funciones – Usos

1. **Recupera las deficiencias de los nervios, estómago, bazo, intestinos e hígado. Es aperitivo, seca la humedad-moco, mejora la memoria y es antidepresivo.** Deficiencia de los nervios, humedad del bazo, deficiencia del qi del hígado y del estómago, agotamiento y debilidad por exceso de trabajo.
2. **Es diurético, depurativo. Tonifica el qi del hígado y de los riñones. Estimula la lactación.** Estancamiento del qi del hígado; ictericia. Estancamiento del qi de los riñones, congestión de los líquidos del hígado, hipogalactia, toxemia general, pérdida de la visión, reumatismo.
3. **Es sudorífico, febrífugo, dispersa el viento-frío, resuelve las erupciones.** Viento-externo-frío, fiebres shaoyang, fiebres eruptivas.
4. **Elimina la flema, alivia la tos, mejora la respiración.** Flema-humedad de los pulmones, bronquitis crónica.
5. **Es antiinfeccioso y disuelve las tumoraciones.** Heridas que no cicatrizan, infecciones intestinales, sabañones, picaduras de animales ponzoñosos.
   Precauciones: Contraindicado en infecciones agudas de los riñones.
   Presentación: Extracto alcohólico 1:3.
   Dosificación: 20 gotas 3 veces por día.

26 • CARDO SANTO

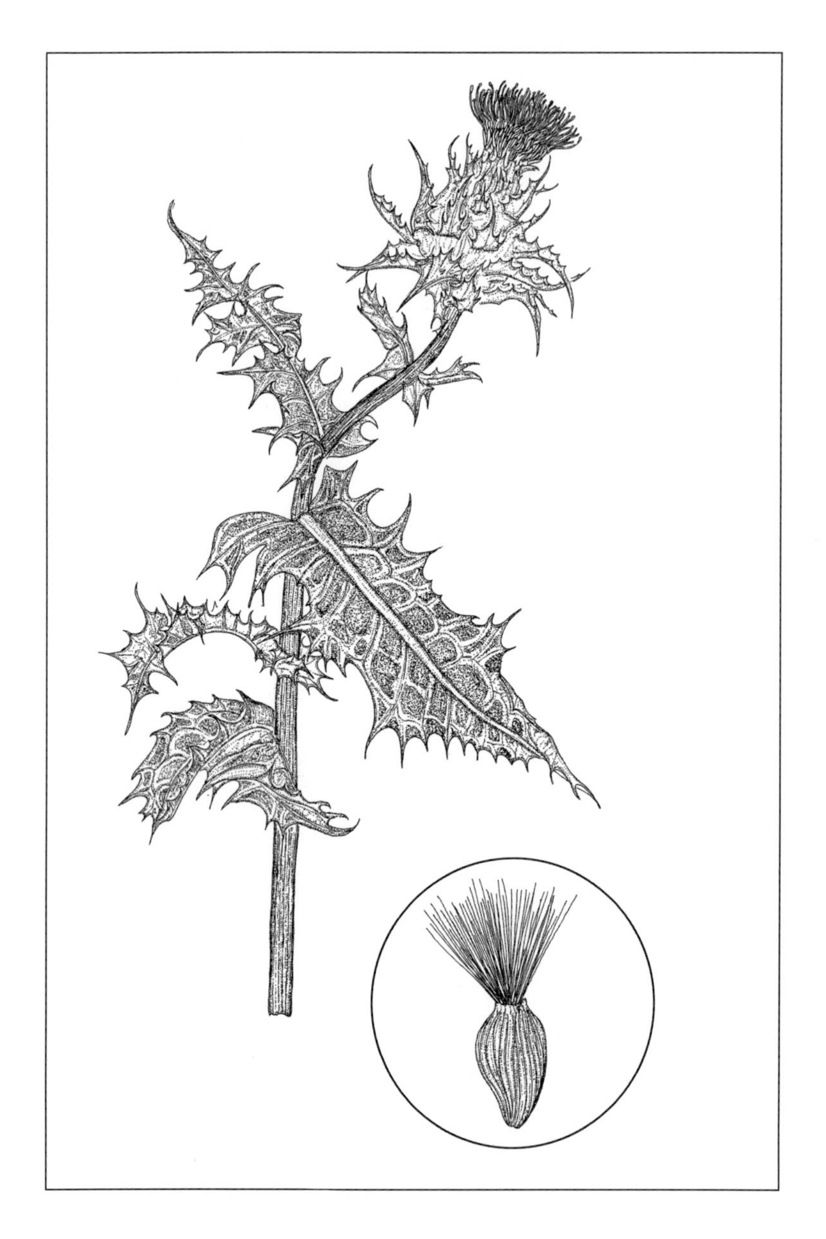

Nombre común	Cardo santo
Nombre farmacéutico	*fructus cardui Mariae*
Nombre botánico	*Carduus marianus L.*
Parte usada	Las semillas

Naturaleza

Propiedades:

Primarias: **Sabor:** Picante y amargo.
Temperatura: Cálida.
Humedad: Seca.

Secundarias: Descongestiona, astringe, restablece.

Afinidades:

Órganos y sistemas: Hígado, riñones, corazón, pulmones, vejiga y útero.
Organismos: Temperatura y Líquidos.
Canales: H, C, Chong y Ren.
Doshas: Vata-, Pitta+, Kapha+.

Terrenos:

Temperamentos: Melancólico y Flemático.
Biotipos: Shaoyin-agobiado-tierra y Taiyin-dependiente-tierra.

Componentes químicos: Silimarina (incluye: silibina, silidistina, silidianina), flavonoides, aminas, amargos, taninos, poliacetilenos.

Categoría: Suave, toxicidad crónica mínima.

Funciones – Usos

1. **Promueve los movimientos intestinales, desestanca. Restablece y estimula el hígado y la vesícula biliar, es colagogo, limpia los riñones, es diurético, disuelve los cálculos y beneficia la piel.** Deficiencia del yang del hígado con frío estancado. Es preventivo de la degeneración hepática por intoxicación; cirrosis, cólicos hepáticos, hepatitis aguda y crónica. Estancamiento del qi del hígado y cálculos urinarios.
2. **Drena el yin y dispersa el frío. Estimula el corazón, la circulación, los pulmones y el útero. Expulsa la flema y promueve las menstruaciones.** Exceso del yin, deficiencia del yang del corazón, hipotensión, congestión de los líquidos del corazón, flema-frío en los pulmones y útero frío.
3. **Astringe, reaviva la sangre, descongestiona, es hemostático, controla las descargas.** Congestión de la sangre del útero, descargas urogenitales debidas a humedad-frío.
4. **Promueve la reparación de los tejidos y beneficia las venas.** Úlceras varicosas.

Precauciones: Ninguna.
Presentación: Extracto alcohólico 1:3.
Dosificación: 20 gotas 3 veces por día.

27 • CARDÓN

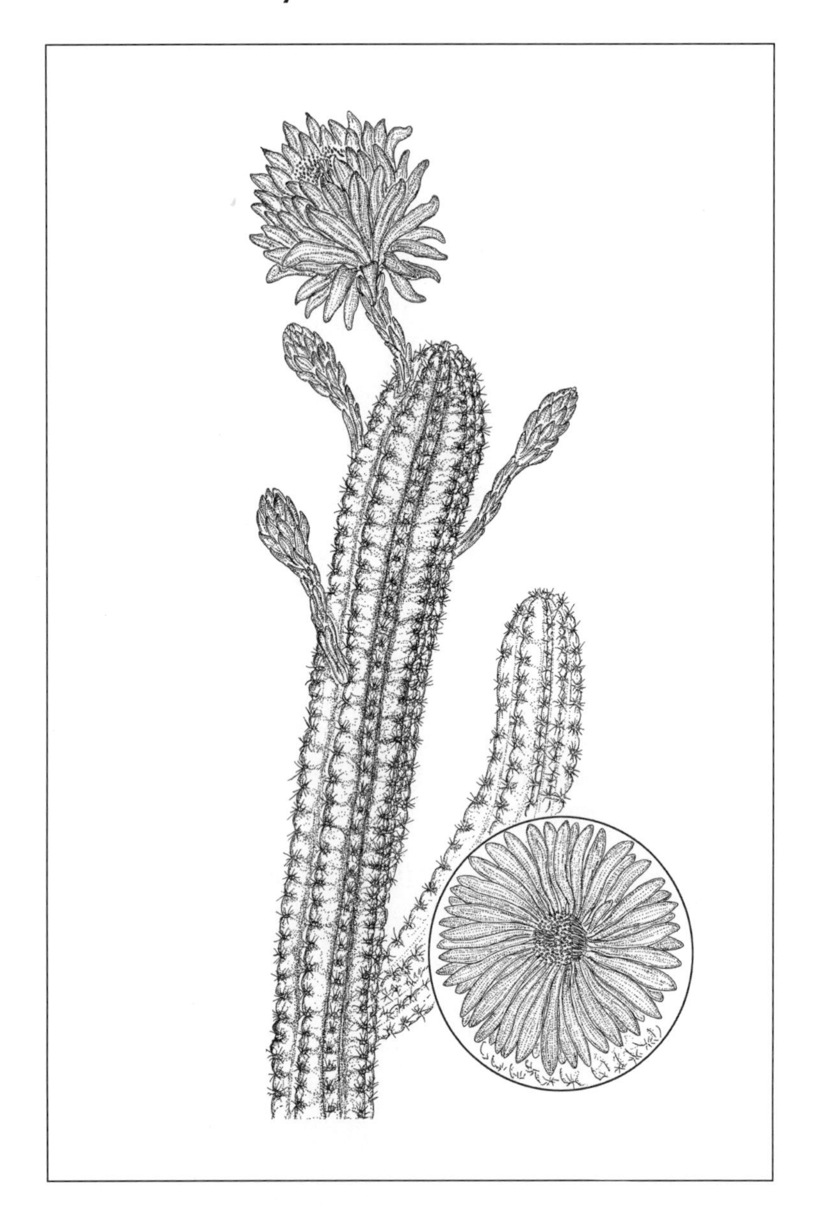

Nombre común	Cardón
Nombre farmacéutico	*caulis et flos Cerei*
Nombre botánico	*Cereus grandiflorus L.*
Parte usada	La flor

Naturaleza

Propiedades:

Primarias: **Sabor:** Dulce y amargo.
Temperatura: Fresca.
Humedad: Seca.

Secundarias: Estimula, relaja, restablece, descongestiona.

Afinidades:

Órganos y sistemas: Corazón, pericardio, sistema vascular, riñones y útero.
Organismos: Aire y Líquidos.
Canales: C, Pr.
Doshas: Vata+, Pitta-, Kapha-.

Terrenos:

Temperamentos: Todos.
Biotipos: Todos.

Componentes químicos: Rutina, narcisina, cactina, cacticina, kaempferina, resinas, grandiflorina, sustancias digitálicas.

Categoría: Medianamente fuerte, con alguna toxicidad crónica.

Funciones – Usos

1. **Recupera y tonifica el corazón y su circulación. Recupera las suprarrenales, el corazón y el cerebro. Levanta el espíritu, es antidepresivo.** Insuficiencia funcional cardiaca y valvular, deficiencia del qi del corazón, amenaza de falla cardiaca, hipotensión, deficiencia del yang del corazón y de los riñones; disnea cardiaca, endopericarditis.
2. **Equilibra y tonifica el corazón, modera la menopausia, armoniza las menstruaciones y controla el pánico.** Constricción del qi del corazón, ataque cardiaco, angor péctoris. Ascenso del yang del hígado, síndrome menopáusico, menorragia, constricción del qi del útero, dolor gastrocardiaco, crisis de miedo.
3. **Es diurético, descongestiona, depura los riñones y es dermatológico.** Estancamiento del qi de los riñones, congestión de los líquidos de los riñones, dermatitis.

Precauciones: Contraindicado en los casos de qi constreñido, hipertensión y pulso fuerte.
Presentación: Extracto alcohólico 1:3.
Dosificación: 15-40 gotas por día.

28 • CARRETÓN ROJO

Nombre común	Carretón rojo
Nombre farmacéutico	*flos Trifolii*
Nombre botánico	*Trifolium pratense L.*
Parte usada	La flor

Naturaleza

Propiedades:

Primarias: **Sabor:** Dulce y blando.
Temperatura: Fresca.
Humedad: Neutral.

Secundarias: Ablanda, disuelve, diluye, astringe, nutre y relaja.

Afinidades:

Órganos y sistemas: Líquidos corporales (sangre y plasma), pulmones, piel, vejiga y nervios.
Organismos: Líquidos.
Canales: P, R, V.
Doshas: Vata+, Pitta-, Kapha-.

Terrenos:

Temperamentos: Melancólico.
Biotipos: Taiyin-sensitivo-metal y Shaoyin-agobiado.

Componentes químicos: Fitosterina, glicósidos fenólicos y cianogénicos, genisteína, prateniol, malvidina, cianidina, isoflavonas. Ácidos: cafeico, oxálico y silícico. Taninos, resinas y trazas minerales de Fe y Cr.

Categoría: Suave, toxicidad crónica mínima.

Funciones – Usos

1. **Es diurético, desintoxica, desinflama, ablanda los depósitos.** Toxemia general, gota, envenenamiento por metales pesados, trastornos crónicos de la piel, escrófula, tumores malignos de seno y ovario.
2. **Astringe, desinflama, desintoxica, es analgésico, regenera los tejidos.** Fuego-toxinas, humedad-calor de la piel o de la vejiga, cistitis mucosa, ardor e inflamación de los ojos. Flujos, espermatorrea, heridas que no cicatrizan, dolores reumáticos, gota.
3. **Recupera las esencias y la sangre, nutre, adopta el yin, mejora la sequedad.** Deficiencia de las esencias de los riñones, irritación de la vejiga, sequedad de los pulmones, tos seca crónica. Deficiencia de la sangre y de los líquidos: boca y garganta secas. Deficiencia del yin. Constipación por sequedad.
4. **Recupera y relaja los nervios, es antiespasmódico, mejora la micción, alivia la disnea.** Agotamiento nervioso, constricción del qi de la vejiga, constricción del qi de los pulmones, asma espasmódica.

Precauciones: Ninguna.
Presentación: Extracto alcohólico 1:3.
Dosificación: 20-30 gotas 3 veces por día.

29 • CÁSCARA SAGRADA

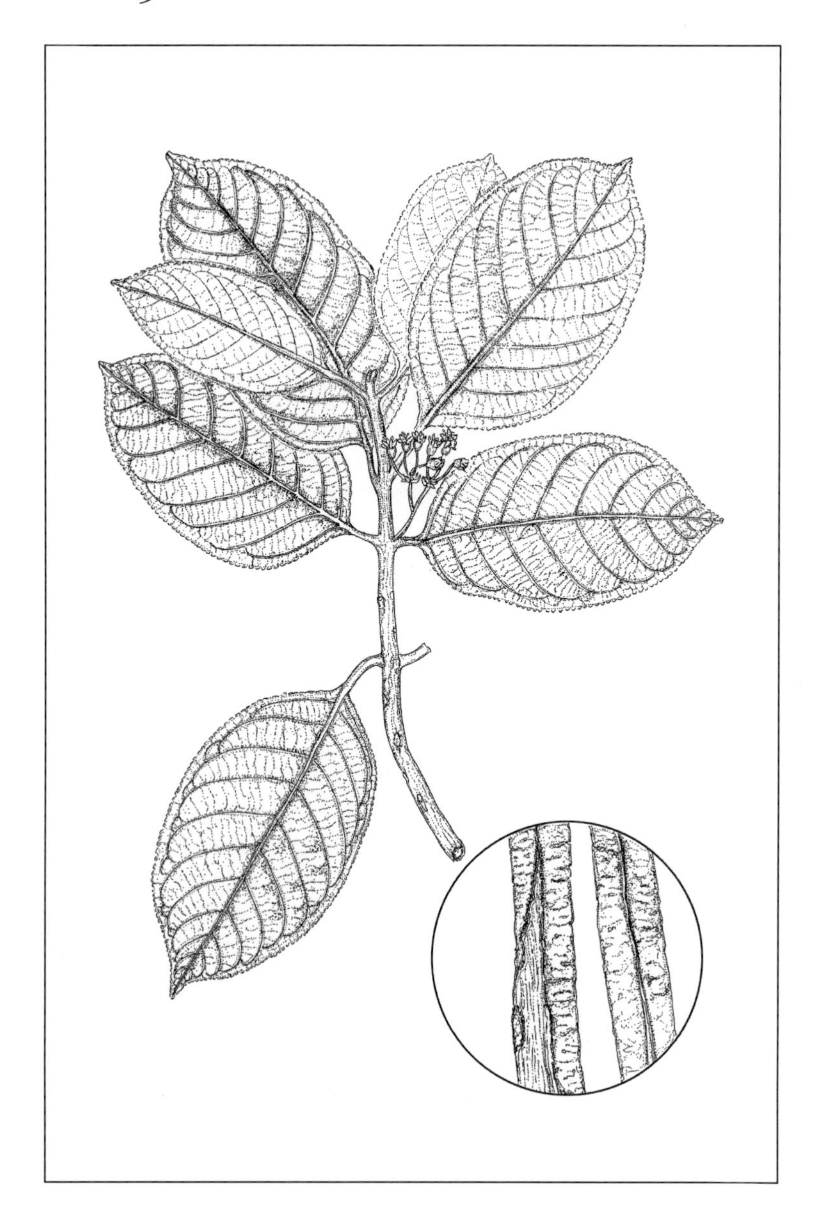

Nombre común Cáscara sagrada
Nombre farmacéutico *cortex ramuli Rhamni*
Nombre botánico *Rhamnus purshiana L.*
Parte usada Corteza secundaria

Naturaleza

Propiedades:

Primarias: **Sabor:** Amargo y astringente.
Temperatura: Fría.
Humedad: Húmeda.

Secundarias: Disuelve, depura, restablece. Movimiento descendente.

Afinidades:

Órganos y sistemas: Hígado y vesícula biliar, intestino delgado y estómago.
Organismos: Temperatura.
Canales: H, Vb, Id, Ig.
Doshas: Vata-, Pitta+, Kapha-.

Terrenos:

Temperamentos: Sanguíneo.
Biotipos: Jueyin-expresivo.

Componentes químicos: Cascarósidos, ramnol, metilhidrocotoína, emodinas, ácido crisofánico, glicósidos y resinas, amargos, lípidos.

Categoría: Suave, toxicidad crónica mínima.

Funciones – Usos

1. **Remueve el estancamiento, elimina el calor, induce el movimiento intestinal, tonifica el hígado, la vesícula biliar y los intestinos, es colerética.** Fuego del hígado, estancamiento del qi del hígado. Sequedad-calor de los intestinos; constipación crónica.
2. **Recupera el qi del hígado y del estómago, es digestiva.** Deficiencia del qi del hígado y del estómago.
3. **Desintoxica, depura.** Toxemia general y litiasis urinaria.

Precauciones: No se recomienda su uso continuo por sus efectos indeseables.
Presentación: Extracto alcohólico 1:3. Deshidratado, en cápsulas.
Dosificación: Extracto: 5-20 gotas por día. Deshidratado: 2-3 cápsulas de 500 mg por día.

30 • CEREZO

Nombre común	Cerezo
Nombre farmacéutico	*cortex Pruni*
Nombre botánico	*Prunus serotina L.*
Parte usada	La corteza

Naturaleza

Propiedades:

Primarias: **Sabor:** Amargo y astringente.
Temperatura: Fresca.
Humedad: Seca.

Secundarias: Relaja, restablece.

Afinidades:

Órganos y sistemas: Corazón, pulmones, estómago e intestinos.
Organismos: Aire y Temperatura.
Canales: P.
Doshas: Vata=, Pitta-, Kapha-.

Terrenos:

Temperamentos: Melancólico.
Biotipos: Taiyin-sensitivo-metal.

Componentes químicos: Escopoletina, glicósidos cianogénicos, ácidos gálico, azulénico y endósmico, galitaninos, ligninas, cumarinas, resinas, Ca, P, Fe y aceite esencial.

Categoría: Suave, toxicidad crónica mínima.

Funciones – Usos

1. **Hace circular el qi, relaja los nervios, calma la irritación, alivia la tos, mejora la respiración.** Constricción del qi del pulmón, del corazón y de los intestinos; irritación gástrica.
2. **Restablece los nervios, los pulmones, el corazón, los intestinos, el bazo, elimina el calor, es febrífugo.** Deficiencia nerviosa, deficiencia del qi del bazo y del estómago, TBC pulmonar, convalecencia, fiebre shaoyin con deficiencia del yin.
3. **Desinflama, seca el moco y la humedad.** Humedad-flema en la cabeza con supuración nasal, inflamación ocular.

Precauciones: Ninguna.
Presentación: Extracto alcohólico 1:3.
Dosificación: 20-30 gotas 3 veces por día.

31 • COLA DE CABALLO

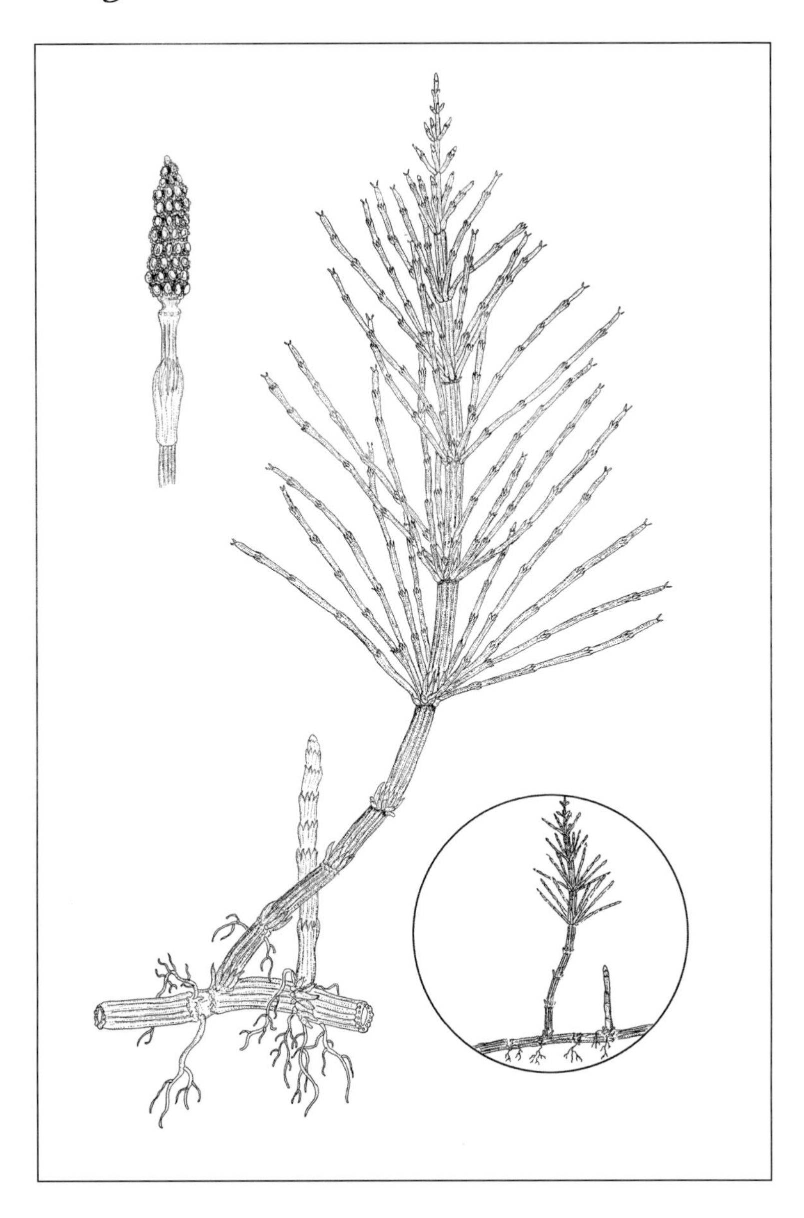

Nombre común	Cola de caballo
Nombre farmacéutico	*herba Equiseti*
Nombre botánico	*Equisetum arvense L.*
Parte usada	La hierba entera

Naturaleza

Propiedades:

Primarias: **Sabor:** Amargo y astringente.
Temperatura: Fría.
Humedad: Seca.

Secundarias: Nutre, restablece, astringe, disuelve. Movimiento estabilizante.

Afinidades:

Órganos y sistemas: Riñones, vejiga, pulmones, intestinos, huesos y piel.
Organismos: Líquidos y Temperatura.
Canales: H, V, P.
Doshas: Vata=, Pitta-, Kapha-.

Terrenos:

Temperamentos: Melancólico.
Biotipos: Taiyin-sensitivo-metal y Shaoyin-agobiado.

Componentes químicos: Equisetina, ácido salicílico, glicósidos flavonoides, isoquercitina, luteolina, nicotina, kaempferol, fitosteroles, amargos, K, Ca, Al.

Categoría: Suave, toxicidad crónica mínima.

Funciones – Usos

1. **Desinflama, seca, elimina el calor, detiene la infección, desintoxica.** Humedad-calor de la vejiga; infecciones urinarias bajas. Humedad-calor de los intestinos; disentería. Humedad-calor/frío genitourinarios; venéreas. Humedad-calor de la piel, inflamaciones oculares en general.
2. **Es antiinfecciosa, induce la regeneración tisular, astringe, controla las descargas, es hemostática.** Úlceras externas, secreciones de órganos de los sentidos, hemorragias. Sudoración excesiva (pies, manos y cuerpo).
3. **Restablece y relaja los urogenitales, normaliza la diuresis, lenifica las irritaciones.** Deficiencias del qi genitourinario, inestabilidad del qi de los riñones. Espermatorrea.
4. **Restablece las esencias, nutre y fortalece los riñones, los huesos, los pulmones, el epitelio y el tejido conectivo en general.** Deficiencia de las esencias de los riñones, deficiencia de la sangre del hígado, anemia, debilidad de los riñones, enfermedad pulmonar crónica y degeneración de los epitelios y del tejido conectivo.
5. **Desestanca, es diurética, depurativa, drena la plétora, limpia los riñones, ablanda los depósitos y beneficia la piel.** Estancamiento del qi de los riñones, toxemia general, litiasis renal, piel seca, eccemas, acné.

Precauciones: Como favorece la descomposición de la vitamina B, debe aumentarse su ingesta.

Presentación: Extracto alcohólico 1:3.

Dosificación: 20 gotas 3 veces por día.

32 • CONSUELDA

Nombre común	Consuelda
Nombre farmacéutico	*radix Symphyti*
Nombre botánico	*Symphytum officinalis L.*
Parte usada	La raíz

Naturaleza

Propiedades:

Primarias: **Sabor:** Dulce, blando y astringente.
Temperatura: Fresca.
Humedad: Húmeda.

Secundarias: Ablanda, astringe, restablece, nutre y solidifica.

Afinidades:

Órganos y sistemas: Pulmones, piel, estómago, intestinos, vejiga y genitales.

Organismos: Líquidos.

Canales: P, E, V.

Doshas: Vata-, Pitta-, Kapha+.

Terrenos:

Temperamentos: Todos.

Biotipos: Todos.

Componentes químicos: Consolidina, consolicina, colina, alantoína, asparagina, mucílagos, taninos, ácido nicotínico, ácido pantoténico, aceite esencial, proteínas, vitamina B12. Trazas minerales de Ca, P y Fe.

Categoría: Suave, toxicidad crónica mínima.

Funciones – Usos

1. **Tonifica el yin. Humedece, elimina el calor, promueve los movimientos intestinales.** Deficiencia de yin de los pulmones; tosferina, TBC. Sequedad de los pulmones; laringitis, bronquitis, neumonía. Sequedad del estómago; úlcera gastroduodenal. Sequedad de los intestinos; colitis. Fiebres shaoyin, ulceraciones de la vejiga y del riñón, nefritis. Humedad-calor de la piel; acné, eccema.
2. **Astringe, desinflama, cicatriza, es analgésica, hemostática.** Fracturas óseas, traumas, contusiones internas, escoriaciones, torceduras, quemaduras, úlceras crónicas, várices, hemorragias internas y externas. Humedad-calor de la vejiga, infecciones urinarias, reumatismo, artritis, dolores óseos o tendinosos.
3. **Fortalece el hígado y los urogenitales, recupera la sangre y los líquidos.** Agotamiento del hígado y de los riñones, deficiencia de la sangre y de los líquidos corporales, anemia.

   Precauciones: Ninguna.

   Presentación: Extracto glicerinado 1:4 para uso interno. Extracto alcohólico 1:3 para uso externo.

   Dosificación: Extracto glicerinado: 15 gotas 3 veces por día. Extracto alcohólico: como ingrediente de preparaciones externas.

33 • CÚRCUMA

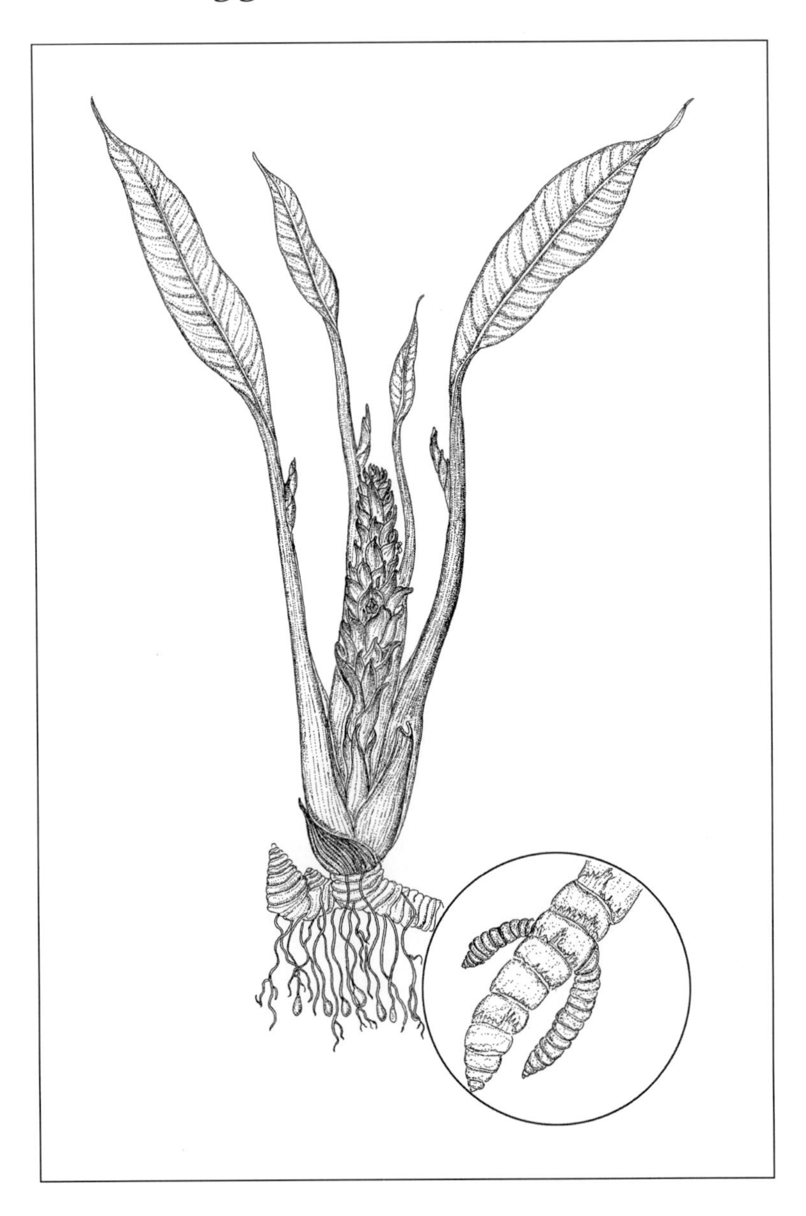

Nombre común	Cúrcuma
Nombre farmacéutico	*rhizoma Curcumae*
Nombre botánico	*Curcuma longa L.*
Parte usada	El rizoma

Naturaleza

Propiedades:

Primarias: **Sabor:** Picante, amargo y astringente.
Temperatura: Neutral.
Humedad: Húmeda.

Secundarias: Estimula, disuelve, dispersa, desinflama, nutre, depura. Movimiento descendente.

Afinidades:

Órganos y sistemas: Sangre, circulación, estómago, bazo, hígado, vesícula biliar y útero.
Organismos: Líquidos.
Canales: H, Vb, P, C, E.
Doshas: Vata+, Pitta+, Kapha-.

Terrenos:

Temperamentos: Colérico y Sanguíneo.
Biotipos: Shaoyang-reflexivo y Taiyang-industrioso.

Componentes químicos: Curcumina, turmerona, felandrenos, sabinenos, borneol, almidones, zingireno, cineol y alcanfor.

Categoría: Suave, toxicidad crónica mínima.

Funciones – Usos

1. **Desestanca y normaliza la circulación del qi. Dispersa el viento-calor.** Constricción del qi del corazón; angina. Estancamiento del qi del útero; amenorrea. Disuelve las tumoraciones. Epilepsia, manía y convulsiones.
2. **Elimina el calor, dispersa el frío, tonifica y desestanca la sangre.** Dolor abdominal y costal, congestión de la sangre del útero. Urticaria.
3. **Elimina el estancamiento de bilis, desintoxica, elimina el viento-humedad de las articulaciones, es analgésica.** Ictericia crónica, reumatismo articular crónico.

Precauciones: Contraindicada durante el embarazo y en las deficiencias de la sangre.
Presentación: Extracto alcohólico 1:3.
Dosificación: 20 gotas 3 veces por día.

34 • CURUBA

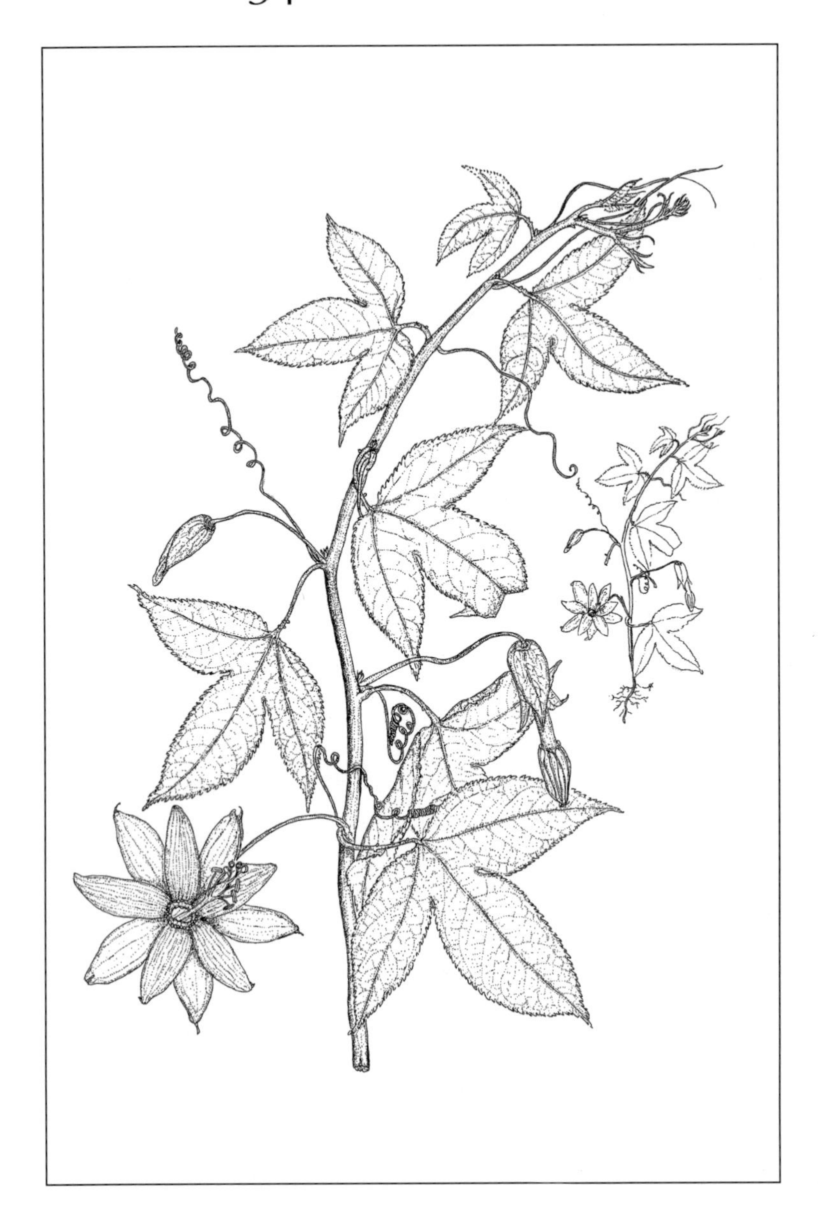

Nombre común	Curuba
Nombre farmacéutico	*herba Passiflorae*
Nombre botánico	*Passiflora* ssp.
Parte usada	La planta entera

Naturaleza

Propiedades:

Primarias: **Sabor:** Blando.
Temperatura: Fría.
Humedad: Seca.

Secundarias: Calma, relaja, tonifica. Movimiento descendente.

Afinidades:

Órganos y sistemas: SNC, sistema cardiovascular, riñones y pulmones.
Organismos: Aire.
Canales: C, H, P.
Doshas: Vata+, Pitta-, Kapha-.

Terrenos:

Temperamentos: Colérico.
Biotipos: Taiyang-industrioso y Shaoyang-reflexivo.

Componentes químicos: Pasiflorina, flavonoides, harmol, harman, esteroles, gomas.
Categoría: Medianamente fuerte, con alguna toxicidad crónica.

Funciones – Usos

1. **Serena el espíritu, calma el hígado y el corazón, elimina el calor, estabiliza el corazón e induce el descanso.** Exceso de yang; hiperexcitación del simpático, fuego del corazón, fuego del hígado, insomnio, hipertensión.
2. **Induce la circulación del qi, relaja los nervios, elimina la constricción, es antiespasmódica, calma el viento, alivia la irritabilidad, es analgésica.** Constricción del qi con exceso de nervios, constricción del qi de los riñones, ascenso del yang del hígado, viento interno del hígado, irritabilidad, tensión y dolor.
3. **Relaja los pulmones, alivia la disnea y mejora la tos.** Asma espasmódica.

Precauciones: Ninguna.
Presentación: Extracto alcohólico 1:3.
Dosificación: 30 gotas 3 veces por día.

35 • DAMIANA

Nombre común	Damiana
Nombre farmacéutico	*herba Turnera*
Nombre botánico	*Turnera diffusa L.*
Parte usada	Toda la planta

Naturaleza

Propiedades:

Primarias: **Sabor:** Amargo y picante.
Temperatura: Neutral.
Humedad: Seca.

Secundarias: Estimula, restablece y astringe.

Afinidades:

Órganos y sistemas: Órganos reproductivos, pituitaria, nervios, hígado, estómago.
Organismos: Aire.
Canales: R, H, Chong y Ren.
Doshas: Vata=, Pitta+, Kapha-.

Terrenos:

Temperamentos: Melancólico.
Biotipos: Taiyin-sensitivo-metal y Shaoyin-agobiado.

Componentes químicos: Damianina, cimol, cineol, betacadineno, betapineno, alfacopaeno, arbutina, litosina, gonzalitosina, taninos, glicósidos cianogénicos, clorofila, albuminoides.

Categoría: Medianamente fuerte, con alguna toxicidad crónica.

Funciones – Usos

1. **Tonifica y recupera el yang, los nervios y el cerebro. Levanta el espíritu.** Deficiencia del yang, agotamiento nervioso, debilidad crónica, ansiedad neurótica.
2. **Tonifica y fortalece los urogenitales, regula la diuresis, incrementa el deseo sexual.** Deficiencia del yang de los riñones, anorexia sexual, infecciones urinarias crónicas, flujos.
3. **Recupera el hígado y el estómago, induce los movimientos intestinales y las menstruaciones.** Deficiencia del qi del hígado y del estómago, estancamiento del qi del útero.
4. **Equilibra la función pituitaria, controla la menopausia y las menstruaciones.** Desequilibrio general hormonal, desequilibrio de Chong y Ren, síndrome menopáusico.

Precauciones: Las sobredosis estimulan peligrosamente el sistema nervioso.
Presentación: Extracto alcohólico 1:3.
Dosificación: 20 gotas 3 veces por día.

36 • DIENTE DE LEÓN

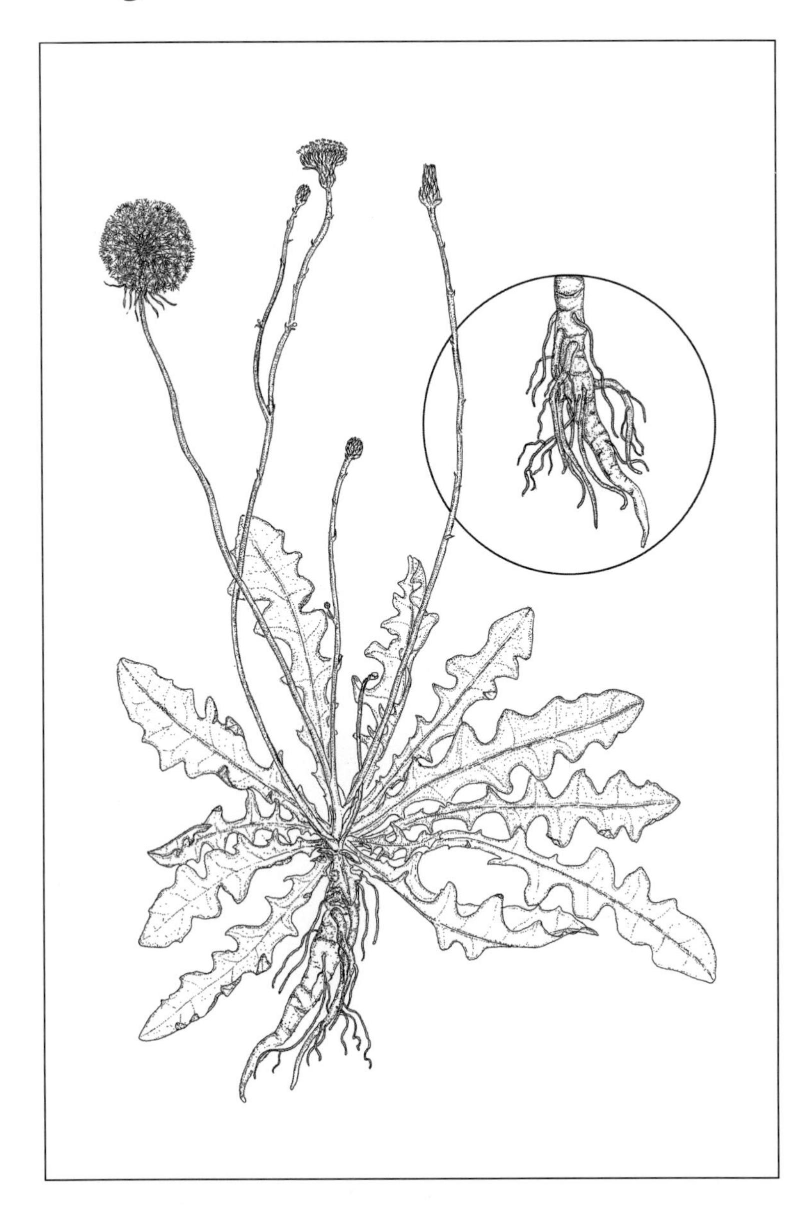

Nombre común	Diente de león
Nombre farmacéutico	*radix Taraxaci*
Nombre botánico	*Taraxacum officinale L.*
Parte usada	La raíz

Naturaleza

Propiedades:

Primarias: **Sabor:** Amargo, salado y dulce.
Temperatura: Fría.
Humedad: Seca.

Secundarias: Ablanda y disuelve, descongestiona, restablece y calma. Movimiento descendente.

Afinidades:

Órganos y sistemas: Hígado, vesícula biliar, bazo, páncreas, riñones, líquidos intersticiales, sangre, intestinos.

Organismos: Aire, Temperatura y Líquidos.

Canales: B, H, Vb.

Doshas: Vata+, Pitta-, Kapha-.

Terrenos:

Temperamentos: Colérico y Melancólico.

Biotipos: Yangming-autoestima-metal, Shaoyang-reflexivo y Taiyang-industrioso.

Componentes químicos: Aceite esencial, inulina, levulina, colina, saponina, enzimas, triterpenos; sitosterol, taraxerol, ácido salicílico, ácido cítrico, carotenoides, vitaminas, levulosas, resinas, trazas minerales de K y Ca.

Categoría: Suave, toxicidad crónica mínima.

Funciones – Usos

1. **Depura y desintoxica el hígado y los riñones, ablanda los depósitos y regula la diuresis.** Discrasia general de los líquidos, toxemia general; gota, artritis, trastornos de la piel. Fuego-toxinas, congestión de los líquidos del hígado. Estancamiento de la sangre venosa. Irritación de la vejiga.
2. **Calma el hígado y la vesícula biliar, elimina el calor, desestanca la plétora, es colerético, induce los movimientos intestinales.** Fuego de hígado, colecistitis. Estancamiento del qi del hígado, ictericia, hepatitis. Ascenso del yang del hígado; tinitus, hipercolesterolemia, hipertensión.
3. **Fortalece y recupera el hígado, los intestinos, el bazo y el páncreas.** Abre el apetito, es galactógeno. Insuficiencia hepática. Deficiencia del qi del bazo, diabetes, hipogalactia.
4. **Recupera algunos tejidos blandos y detiene procesos degenerativos metabólicos.** Colagenosis.
5. **Combate la disnea y la tos.** Crisis asmática.

Precauciones: Ninguna.

Presentación: Extracto alcohólico 1:3.

Dosificación: 30 gotas 3 veces por día.

37 • EQUINÁCEA

Nombre común	Equinácea
Nombre farmacéutico	*radix Echinaceae*
Nombre botánico	*Echinacea angustifolia et purpurea*
Parte usada	La raíz

Naturaleza

Propiedades:

Primarias: **Sabor:** Picante y salado.
Temperatura: Fresca.
Humedad: Seca.

Secundarias: Restablece, estimula, disuelve.

Afinidades:

Órganos y sistemas: Sangre, linfa, plasma, estómago, urogenitales, piel.
Organismos: Líquidos, Aire y Temperatura.
Canales: P, Ig.
Doshas: Vata+, Pitta-, Kapha-.

Terrenos:

Temperamentos: Todos.
Biotipos: Todos.

Componentes químicos: Equinaceína, equinolona, equinacósido, polisacáridos 1-2, betaína, inulina, aceite esencial, resinas, taninos, fitosterol, trece poliacetilenos. Ácidos: oleico, palmítico y linoleico. Trazas minerales y vitamina C.

Categoría: Suave, toxicidad crónica mínima.

Funciones – Usos

1. **Es inmunoestimulante, antibiótica, antiinflamatoria, desintoxicante, analgésica, regenera los tejidos, controla las secreciones y disuelve las tumoraciones.** Es antiviral y antibacteriana, sistémica o localmente. Es profiláctica en las epidemias.
2. **Es febrífuga, sudorífica, libera el exterior, resuelve las erupciones, dispersa el viento-calor.** Viento-externo-calor, fiebres eruptivas, fiebre reumática.
3. **Tonifica la linfa, depura los riñones, beneficia la piel.** Estancamiento del qi de los riñones, congestión de los ganglios linfáticos, eccemas, hipertrofia prostática.
4. **Tonifica el estómago.** Deficiencia del qi del estómago.

Precauciones: Ninguna.
Presentación: Extracto alcohólico 1:3.
Dosificación: 20 gotas 3 veces por día.

38 • ESCILA

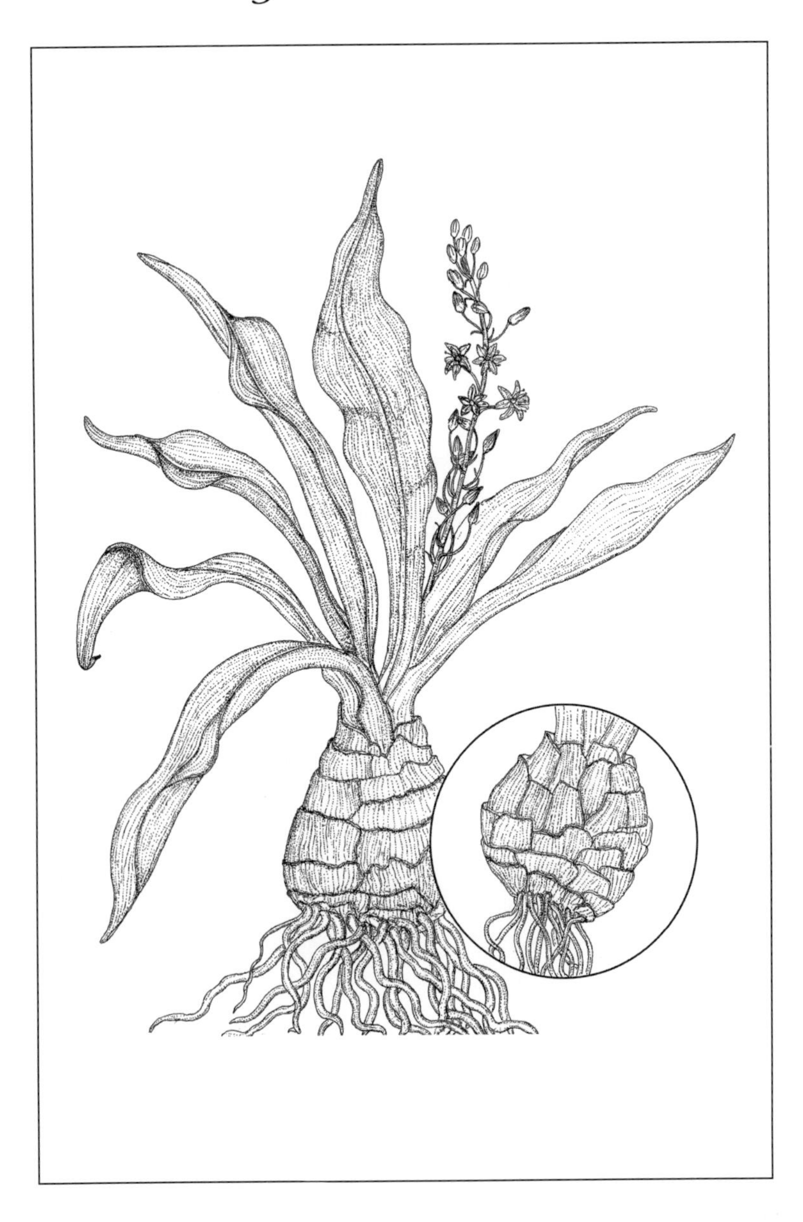

Nombre común Escila
Nombre farmacéutico *bulbus Scillae*
Nombre botánico *Scilla marítima L.*
Parte usada El bulbo

Naturaleza

Propiedades:

Primarias: **Sabor:** Amargo, dulce y picante.
Temperatura: Fresca.
Humedad: Húmeda.

Secundarias: Estimula, descongestiona.

Afinidades:

Órganos y sistemas: Corazón, riñones, vejiga, pulmones, útero.
Organismos: Líquidos.
Canales: R, V, P.
Doshas: Vata+, Pitta-, Kapha-.

Terrenos:

Temperamentos: Todos.
Biotipos: Todos.

Componentes químicos: Escilarinas A y B, mucílagos, bufadienólidos, taninos, glucósidos cardiacos y aceite esencial.

Categoría: Medianamente fuerte, con alguna toxicidad crónica.

Funciones – Usos

1. **Es diurética, descongestionante, tonifica el corazón y los riñones, alivia las irritaciones.** Congestión de los líquidos del corazón; palpitaciones. Congestión de los líquidos de los riñones; edema, ascitis, irritación de las vías urinarias bajas.
2. **Humedece, conserva el yin, tonifica y lenifica los pulmones, expulsa la flema viscosa y alivia la tos.** Viento-sequedad de los pulmones, sequedad-flema de los pulmones, deficiencia del yin de los pulmones; tos seca, disfonía.
3. **Drena la plétora, combate el estancamiento, tonifica el hígado y el útero, induce las menstruaciones.** Estancamiento del qi de los riñones, del hígado y del útero. Plétora general de los líquidos.

   Precauciones: No debe tomarse continuamente; se recomienda por lapsos de ocho días con intervalos de suspensión de diez.

   Presentación: Extracto alcohólico 1:4. Deshidratada, en polvo.

   Dosificación: Extracto: 15-20 gotas 3 veces por día. Deshidratada: 1 cápsula de 500 mg 3 veces por día.

39 • ESPÁRRAGO

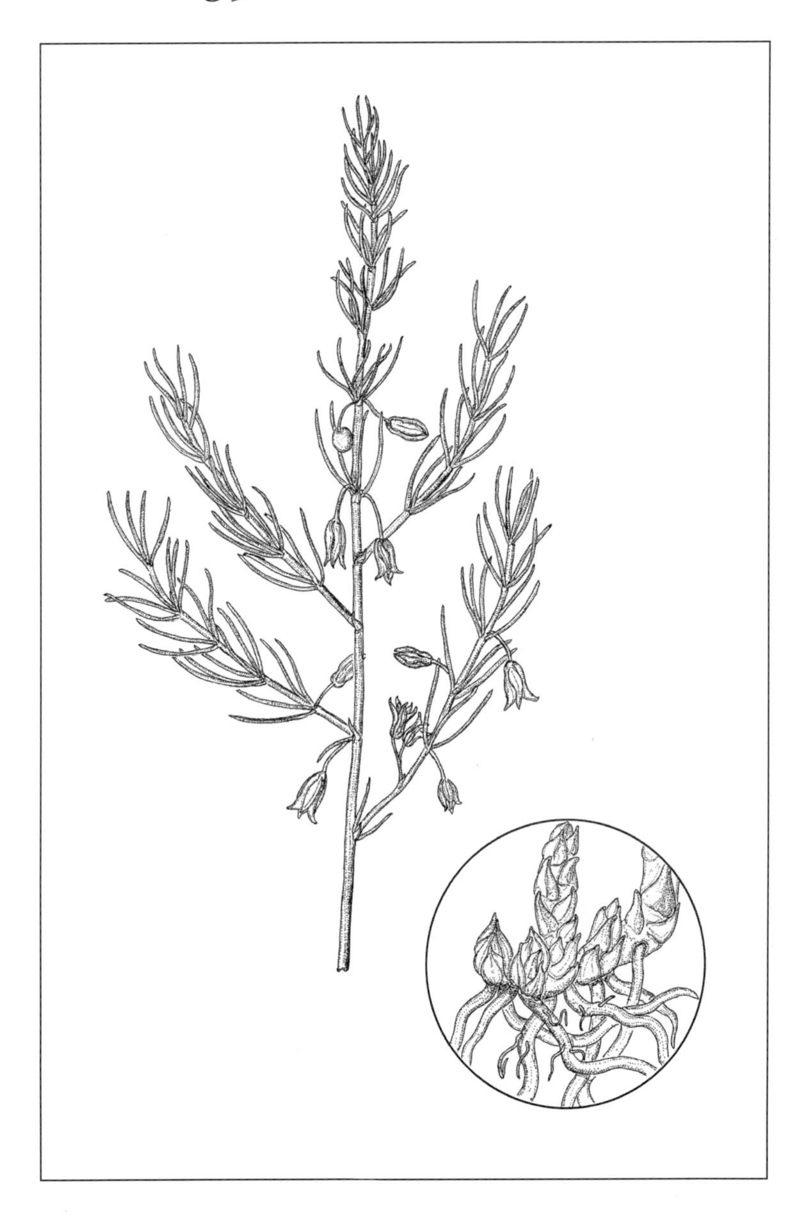

Nombre común	Espárrago
Nombre farmacéutico	*rhizoma Asparagi*
Nombre botánico	*Asparagus officinalis L.*
Parte usada	El rizoma

Naturaleza

Propiedades:

Primarias: **Sabor:** Dulce y salado.
Temperatura: Cálida.
Humedad: Húmeda.

Secundarias: Estimula, nutre, espesa, disuelve, relaja.

Afinidades:

Órganos y sistemas: Urogenitales, hígado, páncreas, intestinos, sangre y líquidos.
Organismos: Líquidos.
Canales: R, H, Id.
Doshas: Vata=, Pitta-, Kapha-.

Terrenos:

Temperamentos: Sanguíneo y Flemático.
Biotipos: Yangming-encantador-tierra y Yangming-autoestima-metal.

Componentes químicos: Asparagina, asparagosa, tirosina, coniferina, colina, saponinas, arginina, purinas, vanilina, flavonoides, ácido quelidónico, ácido bernsteínico, Ca. Trazas minerales: Mn, P, Fe, K, Cu, Fl. Vitaminas: A, B y C.

Categoría: Suave, toxicidad crónica mínima.

Funciones – Usos

1. **Incrementa las esencias, recupera las deficiencias, restablece la sangre, aclara la visión, restablece los tendones.** Deficiencias de las esencias de los riñones, deficiencia de la sangre del hígado y debilidad general.
2. **Tonifica y calienta los urogenitales, incrementa el deseo sexual.** Deficiencia del yang de los riñones.
3. **Desintoxica, depura, es diurético, disuelve los cálculos y es lenitivo.** Discrasia general de los líquidos, toxemia, hipercolesterolemia, hiperuricemia, artritis, congestión de los líquidos del hígado, edema cardiaco, cistitis, litiasis urinaria.
4. **Induce el movimiento intestinal, humedece los intestinos.** Sequedad de los intestinos, estreñimiento.
5. **Tonifica el páncreas, regula la glicemia.** Ayuda en el manejo de la diabetes.

Precauciones: Por su alto contenido de purinas debe consumirse con moderación en las cistitis y reumatismos agudos.

Presentación: Extracto alcohólico 1:3.

Dosificación: 20 gotas 3 veces por día.

40 • ESPIRULINA-CLORELA

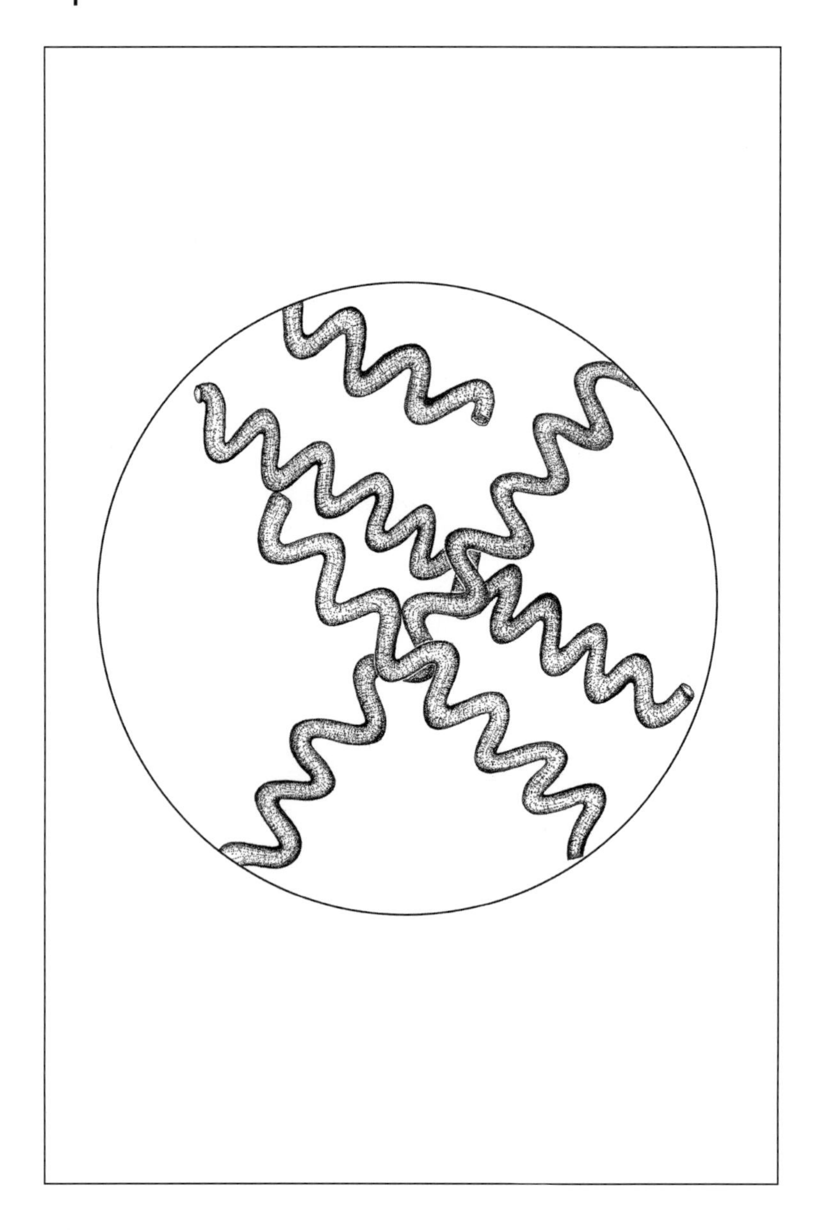

Nombre común	Espirulina-clorela
Nombre farmacéutico	*planta tota Microalgae*
Nombre botánico	*Aphanizaomenon spirulina chlorela*
Parte usada	Toda el alga

Naturaleza

Propiedades:

Primarias: **Sabor:** Dulce y salado.
Temperatura: Neutral.
Humedad: Neutral.

Secundarias: Nutre, restablece y disuelve.

Afinidades:

Órganos y sistemas: Todos.
Organismos: Todos.
Canales: Todos.
Doshas: Vata=, Pitta+, Kapha+.

Terrenos:

Temperamentos: Todos.
Biotipos: Todos.

Componentes químicos: Veinte aminoácidos, entre ellos los ocho esenciales, 50% de proteínas, 15% de las siguientes trazas minerales: Ca, K, P, Fe, Ti, I, Zn, Mn, Cu, Cl, Co y Mg. 5% de clorofila, 2% de esteroides, 1% de fitol. Vitaminas: C, B1, B2, B6, niacina, colina, betacarotenos, biotina, ácido pantoténico, ácido fólico y betatocoferol.

Categoría: Suave, toxicidad crónica mínima.

Funciones – Usos

1. **Incrementa las defensas, da longevidad.** Envejecimiento prematuro, debilidad constitucional, recuperación celular.
2. **Aumenta las esencias, el qi y la sangre. Promueve el desarrollo y el crecimiento, fortalece.** Debilidad y agotamiento mentales, deficiencia del qi y de la sangre por enfermedades degenerativas, deficiencia de proteínas, desnutrición.
3. **Recupera el cerebro y el sistema nervioso, mejora la memoria y serena la mente.** Deficiencia nerviosa. Demencia senil, amnesia. Deficiencia de la sangre del corazón y del qi del bazo.
4. **Restablece el hígado, el páncreas, los intestinos y el bazo. Armoniza el metabolismo y las secreciones. Normaliza la flora intestinal, detiene la pudrición y mejora la visión.** Estancamiento del qi del hígado, humedad del bazo, diarrea con moco, indigestión, síndrome de mala absorción, pancreatitis crónica, hipoglicemia. Trastornos de la visión: cataratas, retinitis y disminución de la agudeza visual.
5. **Desintoxica, depura, es dermatológica, hepatoprotectora, disuelve las tumoraciones, drena la plétora y elimina los metales pesados.** Plétora y toxemia generales, dermatopatías, hepatitis, arterioesclerosis, hipercolesterolemia, intoxicaciones por ingestión de metales pesados, tumores, obesidad.
6. **Es antiinflamatoria, regeneradora celular, antiinfecciosa.** Es profiláctica en las enfermedades epidérmicas, cicatrizante de heridas y quemaduras, piorrea y gingivitis.

   Precauciones: Ninguna.
   Presentación: Deshidratada en cápsulas o tabletas.
   Dosificación: 2-5 gramos por día.

41 • EUCALIPTO

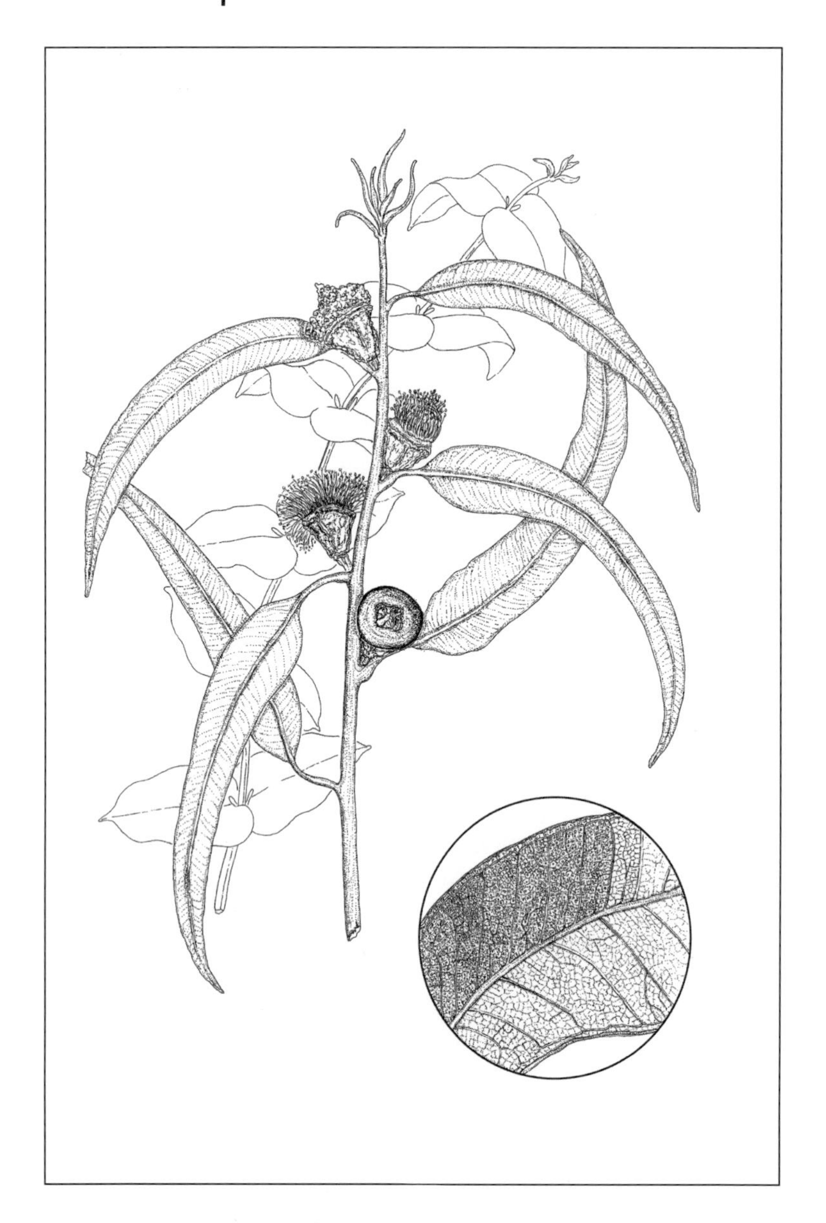

Nombre común	Eucalipto
Nombre farmacéutico	*folium Eucalypti*
Nombre botánico	*Eucalyptus globulus L.*
Parte usada	Las hojas

Naturaleza

Propiedades:

Primarias: **Sabor:** Picante y amargo.
Temperatura: Fresco.
Humedad: Neutral.

Secundarias: Estimula, astringe, restablece. Movimiento dispersante.

Afinidades:

Órganos y sistemas: Tracto respiratorio, cabeza, páncreas, sistema inmunológico, estómago, intestinos, sangre.

Organismos: Aire y Temperatura.

Canales: P, Ig, V.

Doshas: Vata-, Pitta+, Kapha-.

Terrenos:

Temperamentos: Sanguíneo.

Biotipos: Yangming-encantador-tierra.

Componentes químicos: Eucaliptol, pineno, felandreno, endesmol, aromandreno, kampfeno, eucaliptina, flavonoides, aldehídos valéricos, taninos y resinas.

Categoría: Suave, toxicidad crónica mínima.

Funciones – Usos

1. **Es febrífugo, sudorífico, analgésico, dispersa el viento-calor, despeja la cabeza, libera el exterior, resuelve las erupciones.** Humedad-calor en la cabeza, sinusitis, cefaleas, jaquecas, viento externo-calor, fiebres shaoyang, fiebres eruptivas, reumatismo agudo.
2. **Tonifica los pulmones, elimina la flema viscosa, alivia la tos. Controla las infecciones pulmonares y de la garganta.** Flema-frío-calor de los pulmones, bronquitis. Sequedad-flema de los pulmones; asma alérgica, deficiencia del yin de los pulmones, TBC.
3. **Desintoxica, desinfecta, desinflama, cicatriza, activa las defensas, es dermatológico.** Humedad-calor de los riñones y de la vejiga, humedad-calor de los órganos genitourinarios, infecciones urinarias. Erupciones de la piel, herpes. Septicemia, quemaduras, erosión del cérvix.
4. **Es antihelmíntico y repelente de insectos.**
5. **Regula la función del páncreas.** Disminuye la hiperglicemia.

Precauciones: Por ser tan picante debe usarse preferiblemente en lesiones inflamatorias crónicas.

Presentación: Aceite esencial. Extracto alcohólico 1:3.

Dosificación: Aceite: 3-5 gotas 3 veces por día. Extracto: 15 gotas 3 veces por día.

42 • EUPATORIO

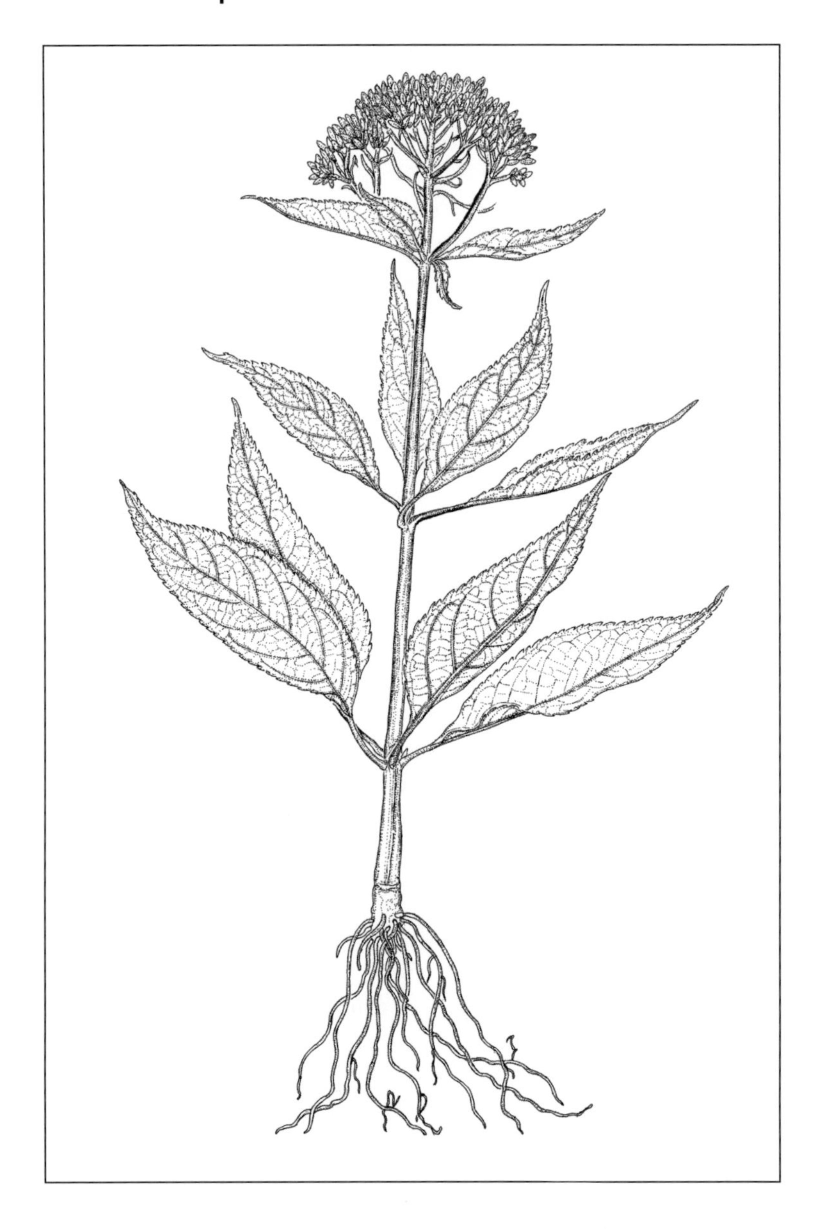

Nombre común	Eupatorio
Nombre farmacéutico	*herba Eupatorii p.*
Nombre botánico	*Eupatorium purpurei*
Parte usada	La planta entera

Naturaleza

Propiedades:

Primarias: **Sabor:** Amargo, picante y astringente.
Temperatura: Fría.
Humedad: Seca.

Secundarias: Estimula, restablece.

Afinidades:

Órganos y sistemas: Garganta, pulmones e hígado.
Organismos: Temperatura.
Canales: P, H, B.
Doshas: Vata+, Pitta-, Kapha-.

Terrenos:

Temperamentos: Colérico.
Biotipos: Taiyang-industrioso.

Componentes químicos: Eupatorina, eupempurina, inulina, resinas, grasas, azúcar, tremetrol, ácido tánico, vitamina D1.

Categoría: Suave, toxicidad mínima.

Funciones – Usos

1. **Dispersa el viento-calor, libera el exterior, es sudorífico, alivia la tos.** Sequedad-calor-viento de los pulmones, viento-calor externo, tos-calor.
2. **Es febrífugo, elimina calor, remueve el estancamiento, induce los movimientos intestinales y tonifica el hígado.** Estancamiento del qi del hígado; ictericia aguda. Fuego del hígado, fiebres shaoyang, fiebre reumática.
3. **Recupera el estómago y el bazo, fortalece y es aperitivo.** Deficiencia del qi del bazo, recuperación de enfermedades febriles debilitantes.

Precauciones: Ninguna.
Presentación: Extracto alcohólico 1:3.
Dosificación: 20 gotas 3 veces por día.

43 • FUMARIA

Nombre común	Fumaria
Nombre farmacéutico	*herba Fumaria*
Nombre botánico	*Fumaria officinalis L.*
Parte usada	Toda la planta

Naturaleza

Propiedades:

Primarias: **Sabor:** Amargo y salado.
Temperatura: Fresca.
Humedad: Seca.

Secundarias: Estimula, diluye. Movimiento descendente.

Afinidades:

Órganos y sistemas: Hígado, vesícula biliar, útero, sangre, sistema nervioso y piel.
Organismos: Temperatura y Líquidos.
Canales: H, Vb.
Doshas: Vata-, Pitta+, Kapha+.

Terrenos:

Temperamentos: Colérico y Sanguíneo.
Biotipos: Shaoyang-reflexivo y Jueyin-expresivo.

Componentes químicos: Ácido fumárico, fumarina, aurotensina, coridalina, criptocavina, sinactina, colina, quercitina, rutina, amargos, mucílago y resinas.

Categoría: Medianamente fuerte, con alguna toxicidad crónica.

Funciones – Usos

1. **Induce el movimiento intestinal, combate el estancamiento y la obstrucción, depura y tonifica el hígado y la vesícula biliar. Controla el exceso o la falta de secreción biliar, es tranquilizante.** Estancamiento del qi del hígado, humedad-calor de la vesícula biliar, deficiencia del qi del hígado y del estómago.
2. **Combate el estancamiento, induce las menstruaciones y elimina el moco.** Estancamiento del qi del útero. Humedad del bazo.
3. **Desintoxica y drena la plétora, depura, es dermatológica, resuelve las contusiones.** Toxemia y plétora generales, hematomas, lesiones traumáticas de la piel.

Precauciones: Si se consume por más de diez días, se incrementa su acción sedativa sobre el sistema nervioso. Contraindicada durante el embarazo, pues estimula el *jiao* inferior.
Presentación: Extracto alcohólico 1:3.
Dosificación: 15-20 gotas 3 veces por día.

44 • GEL DE SÁBILA

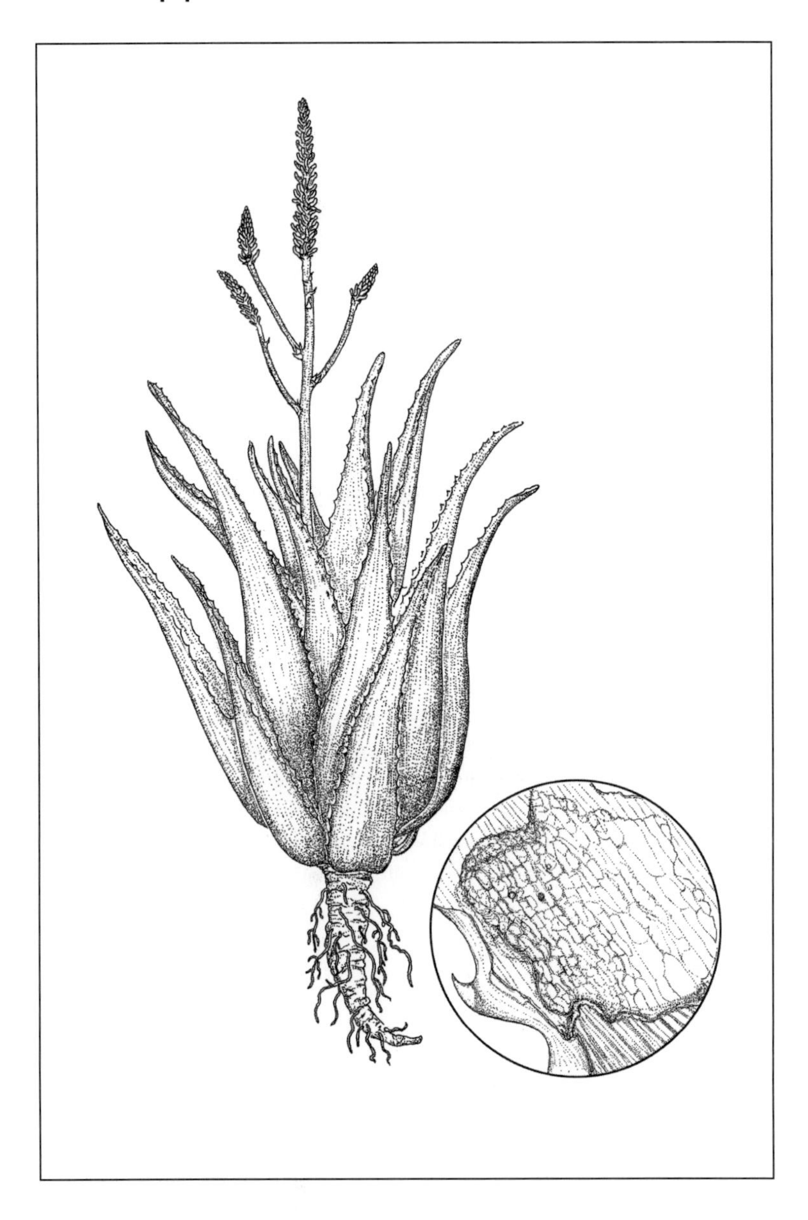

Nombre común	Gel de sábila
Nombre farmacéutico	*liquamen folii Aloidis*
Nombre botánico	*Aloe vera L.*
Parte usada	El gel de la hoja

Naturaleza

Propiedades:

Primarias: **Sabor:** Blando y salado.
Temperatura: Fresca.
Humedad: Húmeda.

Secundarias: Restablece y ablanda.

Afinidades:

Órganos y sistemas: Estómago, intestinos y piel.
Organismos: Líquidos.
Canales: E, Id.
Doshas: Vata=, Pitta-, Kapha=.

Terrenos:

Temperamentos: Todos.
Biotipos: Todos.

Componentes químicos: Azúcares: manosa, arabinosa, xilosa, glucosa, galactosa y fructosa. Trazas minerales de Na, Ca, K, Zn, Mn y Mg. Lactatos, glicoproteínas, esteroides. Enzimas: pradiciminasas, catalasas, oxidasas, amilasa y alfa-amilasa. Más de veinte aminoácidos, entre otros: asparagina, serina, ácido glutámico y salina. Sustancias antibióticas, hormonas, saponinas, ligninas, ácidos orgánicos, cloruros, sulfatos, oxalato de calcio, taninos y colina.

Categoría: Suave, toxicidad crónica mínima.

Funciones – Usos

1. **Desinflama, es antiinfeccioso, humecta, lenifica la irritación, es cicatrizante y dermatológico, beneficia el cabello.** Quemaduras, ulceraciones de la piel y de las mucosas internas, abscesos dentarios, micosis ungueales, pie de atleta, caspa, alopecia, piel grasa, manchas de la piel. Infecciones intestinales por virus; enteritis del sida.
2. **Controla el moco y la humedad en los pulmones.** Humedad-frío en la cabeza, asma, bronquitis
3. **Es hemostático, controla la lactación.** Sangrado de heridas menores.

Precauciones: Ninguna.
Presentación: Emulsificado fresco o cristalizado para uso externo e interno.
Dosificación: Una cucharada 2-3 veces por día. Aplicar localmente para fines dermatológicos o cosméticos.

45 • GENCIANA

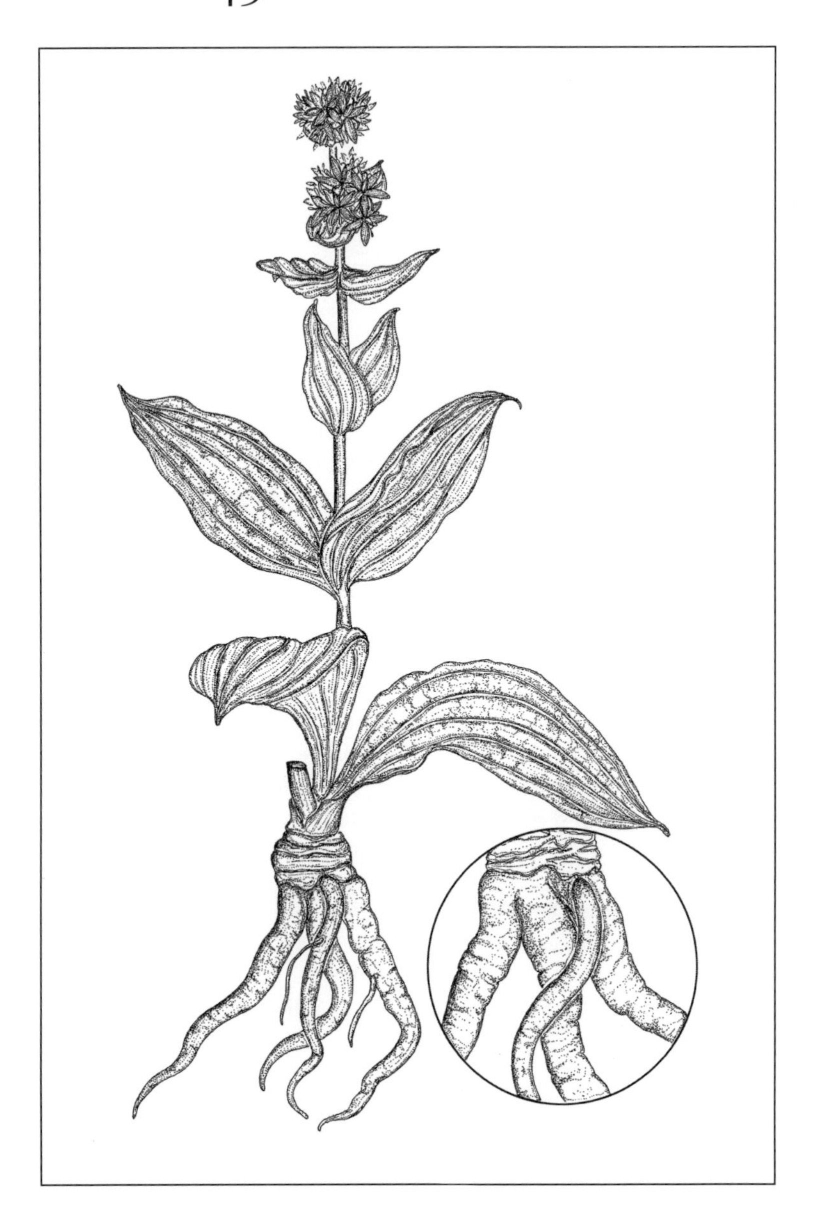

Nombre común	Genciana
Nombre farmacéutico	*radix Gentianae*
Nombre botánico	*Gentiana lutea L.*
Parte usada	La raíz

Naturaleza

Propiedades:

Primarias: **Sabor:** Amargo y astringente.
Temperatura: Fría.
Humedad: Seca

Secundarias: Astringe, restablece, calma. Movimiento centrípeto.

Afinidades:

Órganos y sistemas: Hígado y vesícula biliar, estómago, intestinos.
Organismos: Temperatura y Líquidos.
Canales: H, Vb, B.
Doshas: Vata+, Pitta-, Kapha-.

Terrenos:

Temperamentos: Colérico.
Biotipos: Shaoyang-reflexivo.

Componentes químicos: Gentisina, gentiopicrósido, amarogentina, amaropanigentiopicrina, amarosverinas, alcaloides, mucílagos, vitamina C, pectinas.

Categoría: Suave, toxicidad crónica mínima.

Funciones – Usos

1. **Es febrífuga, calmante, seca la humedad, es colagoga y colerética, calma el hígado y la vesícula biliar, induce el movimiento intestinal.** Humedad-calor del hígado y de la vesícula biliar; hepatitis, ictericia. Fuego del hígado, ascenso del yang del hígado, viento interno del hígado, hipertensión, fiebres shaoyang.
2. **Es antiinfecciosa, desintoxicante, controla las descargas.** Humedad-calor genitourinarios, infecciones venéreas, prurito genital, dermatitis, úlceras crónicas.
3. **Recupera el hígado, el estómago y el bazo. Es reconstituyente general.** Deficiencia del qi del bazo, del hígado y del estómago; diarreas crónicas, debilidad, agotamiento. Enfermedad de Crohn.

Precauciones: Ninguna.
Presentación: Extracto alcohólico 1:3.
Dosificación: 20 gotas 3 veces por día.

46 • GERANIO

Nombre común	Geranio
Nombre farmacéutico	*herba Pelargonii*
Nombre botánico	*Pelargonium odoram tissimum L.*
Parte usada	La planta entera

Naturaleza

Propiedades:

Primarias: **Sabor:** Astringente, dulce, picante.
Temperatura: Cálida.
Humedad: Neutral.

Secundarias: Astringe, estimula, restablece, ablanda, descongestiona. Movimiento estabilizante.

Afinidades:

Órganos y sistemas: Estómago, intestino, hígado, riñones, urogenitales.
Organismos: Líquidos y Temperatura.
Canales: B, H, R, Chong y Ren.
Doshas: Vata+, Pitta-, Kapha-.

Terrenos:

Temperamentos: Flemático, Melancólico y Sanguíneo.
Biotipos: Yangming-autoestima-metal, Shaoyin-agobiado y Yangming-encantador-tierra.

Componentes químicos: Geraniol, linalol, citronelol, taninos, resinas y alcohol feniletílico.
Categoría: Suave, toxicidad crónica mínima.

Funciones – Usos

1. **Es antiinfeccioso, astringente, hemostático, seca el moco, controla las secreciones.** Frío-humedad de los intestinos, humedad-frío genitourinarios; cistitis mucosa. Hemorragias pasivas ORL y de los órganos internos. Lactación excesiva, sudoración excesiva, infecciones intestinales, inflamaciones orales, oculares y de los senos. Deficiencia del yin de los pulmones.
2. **Es cicatrizante, analgésico, resuelve las contusiones, es dermatológico, disuelve los tumores.** Heridas rebeldes, traumatismos internos, dolor facial, dolor lumbar, úlcera péptica, tumores malignos, piel seca, eccema, herpes, repelente de insectos.
3. **Recupera bazo, páncreas, intestinos, suprarrenales y gónadas, es antidepresivo.** Deficiencia del qi del bazo, gastroenteritis, diabetes (sostenimiento), deficiencia de las suprarrenales, insuficiencia estrogénica con deficiencia de la sangre del hígado, síndrome menopáusico, esterilidad.
4. **Es diurético, ablanda los cálculos, desestanca el qi.** Estancamientos del qi de los riñones y del hígado. Congestión de los líquidos del hígado; litiasis.

Precauciones: Contraindicado en estados de humedad-calor y en infecciones agudas.
Presentación: Aceite esencial y extracto alcohólico 1:3.
Dosificación: Aceite esencial: 3-4 gotas 3 veces por día. Extracto: 20 gotas 3 veces por día.

47 • GORDOLOBO

Nombre común	Gordolobo
Nombre farmacéutico	*flos et folium Verbascii*
Nombre botánico	*Verbascum thapsiforme L.*
Parte usada	La flor y las hojas

Naturaleza

Propiedades:

Primarias: **Sabor:** Dulce, astringente y blando.
Temperatura: Fresca.
Humedad: Húmeda.

Secundarias: Astringe, ablanda, espesa, relaja, restablece.

Afinidades:

Órganos y sistemas: Pulmones, estómago, intestinos, vejiga.
Organismos: Temperatura y Líquidos.
Canales: P, E, V.
Doshas: Vata+, Pitta-, Kapha-.

Terrenos:

Temperamentos: Todos.
Biotipos: Todos.

Componentes químicos: Mucílagos, gomas, resinas, saponinas, hesperidina, verbascósido, aucubina y carotenos.

Categoría: Suave, toxicidad crónica mínima.

Funciones – Usos

1. **Tonifica el yin, humedece, alivia la tos.** Sequedad-flema o sequedad-calor de los pulmones; traqueítis, laringitis, amigdalitis. Deficiencia del yin de los pulmones; alergias, TBC.
2. **Tonifica los pulmones, expulsa las flemas, mejora la respiración.** Constricción del qi de los pulmones; asma espasmódica, humedad-calor-flema de los pulmones.
3. **Es antiinfeccioso, astringente, desinflamatorio, hemostático, controla las secreciones, regula la diuresis.** Frío-humedad de la cabeza, rinitis alérgica. Humedad-calor de los intestinos, humedad-calor de la vejiga, constricción del qi de la vejiga, cistitis, uretritis, hematuria.
4. **Es antiinflamatorio, resuelve los diviesos y drena el pus, disuelve las tumoraciones.** Afecciones cutáneas, eccemas, inflamaciones ORL, hemorroides, cuerpos extraños en la piel (astillas, espinas).

   Precauciones: Ninguna.

   Presentación: Extracto glicerinado 1:4. Jarabe o decocción de las flores frescas.

   Dosificación: Extracto glicerinado: 15-20 gotas disueltas en agua caliente 3 veces por día. Decocción: 1 taza 3 veces por día.

48 • HINOJO

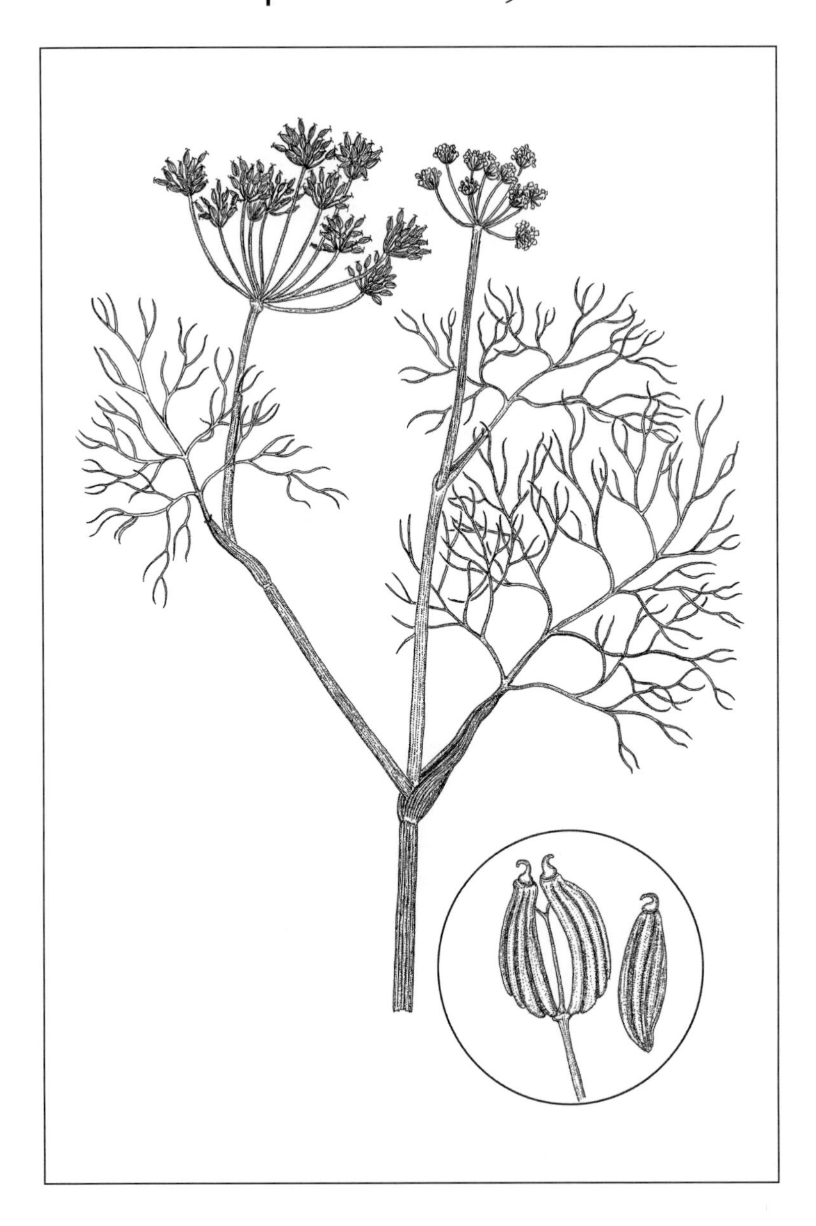

Nombre común	Hinojo
Nombre farmacéutico	*fructus Foeniculi*
Nombre botánico	*Foeniculum vulgare L.*
Parte usada	Las semillas

Naturaleza

Propiedades:

Primarias: **Sabor:** Picante y dulce.
Temperatura: Cálida.
Humedad: Seca.

Secundarias: Relaja, astringe, estimula y restablece.

Afinidades:

Órganos y sistemas: Riñones, vejiga, estómago, intestinos, útero y pulmones.
Organismos: Aire y Líquidos.
Canales: R, V, B, Chong y Ren.
Doshas: Vata=, Pitta=, Kapha=.

Terrenos:

Temperamentos: Melancólico.
Biotipos: Taiyin-sensitivo-metal.

Componentes químicos: Estragol, fenona, anetona, terpenos, aldehído anísico, sílice, azúcar, aceites fijos.

Categoría: Suave, toxicidad crónica mínima.

Funciones – Usos

1. **Es diurético, anodino y depurativo de vías urinarias, expulsa los cálculos. Mejora la visión y limpia los ojos.** Estancamiento del qi de los riñones, deficiencia del qi de la vejiga, obesidad, gota, disminución de la visión, conjuntivitis, cistitis, litiasis urinaria.
2. **Tonifica y calienta el estómago, el bazo y los intestinos. Es antiespasmódico, seca la humedad-moco, remueve el estancamiento, es antiflatulento, serena el estómago.** Frío del estómago, humedad del bazo, estancamiento del qi de los intestinos; náusea y vómitos, síndrome gastrocardiaco.
3. **Tonifica los pulmones, expulsa la flema, alivia la disnea.** Flema-humedad de los pulmones; asma, afonía.
4. **Tonifica el útero, induce las menstruaciones y la lactancia y alivia los senos.** Estancamiento del qi del útero, frío del útero, amenorreas, insuficiencia estrogénica, trastornos de los senos.
5. **Es antídoto, antihelmíntico, desinflamatorio, dermatológico.** Envenenamiento por hongos o por hierbas, es preventivo en las influenzas, quita las manchas y deformidades de la piel, sirve para la sordera y desinflama las gingivitis.

Precauciones: Contraindicado durante el embarazo.
Presentación: Extracto alcohólico 1:3.
Dosificación: 20 gotas 3 veces por día.

49 • HIPÉRICO

Nombre común	Hipérico
Nombre farmacéutico	*herba Hyperici*
Nombre botánico	*Hypericum perforatum L.*
Parte usada	La planta entera

Naturaleza

Propiedades:

Primarias: **Sabor:** Amargo, dulce y astringente.
Temperatura: Fresca.
Humedad: Seca.

Secundarias: Estimula, restablece, relaja y astringe.

Afinidades:

Órganos y sistemas: Sistema nervioso, pulmones, intestinos, riñones, vejiga y sangre.

Organismos: Aire y Temperatura.

Canales: P, R, V.

Doshas: Vata+, Pitta-, Kapha-.

Terrenos:

Temperamentos: Sanguíneo.

Biotipos: Shaoyang-reflexivo.

Componentes químicos: Flavonoides, rutina, rodano, flobafeno, hipericina, carotenos, pectinas, hiperóxido, aceite esencial, sesquiterpenos y germacreno.

Categoría: Suave, toxicidad crónica mínima.

Funciones – Usos

1. **Recupera y restablece los nervios, calma y serena el espíritu, es antidepresivo, relaja la constricción.** Constricción del qi de los riñones, de la vejiga y del útero; síndrome de tensión premenstrual.
2. **Tonifica los pulmones, expulsa la flema, depura los riñones, normaliza la micción, expulsa los cálculos.** Humedad-flema en los pulmones, bronquitis crónica. Constricción del qi de los riñones, enuresis. Litiasis urinaria.
3. **Es astringente, seca la humedad-moco, controla las secreciones, hemostático.** Sangrado intermenstrual, hemorragias internas, albuminuria, cistitis mucosa, flujo vaginal.
4. **Es antiinfeccioso, antiinflamatorio, anodino y cicatrizante.** Dolor espinal, lesiones de los nervios, lesiones musculares, heridas superficiales, manchas de la piel, tumores, sarcoma de Kaposi, inflamación de los senos.
5. **Es antiinflamatorio y febrífugo.** Fiebres recurrentes shaoyang en pacientes inmunosuprimidos.

Precauciones: Ninguna.

Presentación: Extracto alcohólico 1:3 o para aplicación local.

Dosificación: 30 gotas 3 veces por día.

50 • HORTENSIA

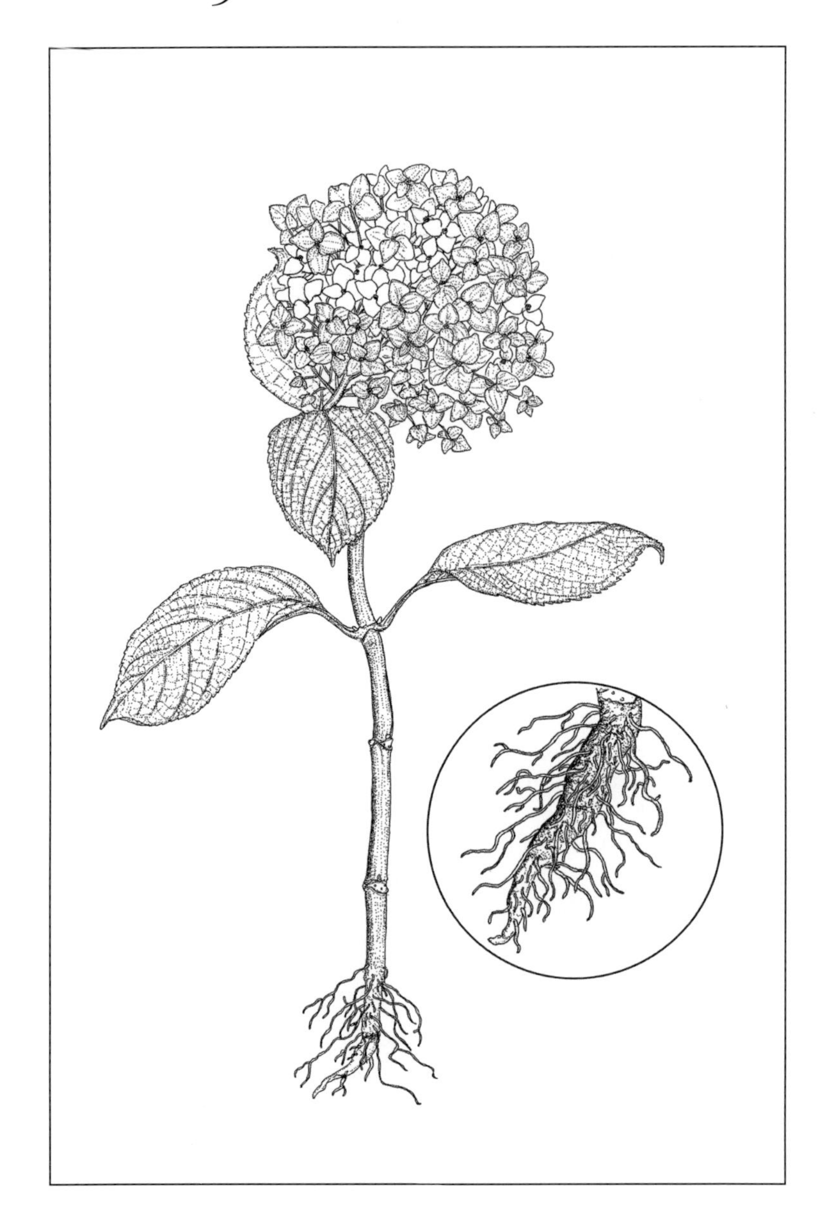

Nombre común	Hortensia
Nombre farmacéutico	*rhizoma Hydrangea*
Nombre botánico	*Hydrangea arborescens L.*
Parte usada	La raíz

Naturaleza

Propiedades:

Primarias: **Sabor:** Picante y dulce.
Temperatura: Neutral.
Humedad: Húmeda.

Secundarias: Disuelve, restablece y calma.

Afinidades:

Órganos y sistemas: Riñones, vejiga, hígado, pulmones.
Organismos: Líquidos.
Canales: H, R, V.
Doshas: Vata+, Pitta=, Kapha+.

Terrenos:

Temperamentos: Todos.
Biotipos: Todos.

Componentes químicos: Saponinas, resinas, aceites fijos, hidrangeína, gomas, sulfuros, azúcares, trazas de calcio. Trazas minerales.

Categoría: Suave, toxicidad crónica mínima.

Funciones – Usos

1. **Desintoxica, depura, afloja los depósitos, estimula la filtración del agua, promueve la diuresis.** Discrasia general de los líquidos. Congestión de los líquidos del hígado y los riñones; arterioesclerosis, hiperuricemia, litiasis.
2. **Recupera, regula, es analgésica y calma las irritaciones de los urogenitales.** Inestabilidad del qi de los riñones, cistitis y uretritis.
3. **Es antibiótica y antiinflamatoria, seca la humedad-moco.** Humedad-calor de los riñones y la vejiga, infecciones urinarias agudas.

Precauciones: Ninguna.
Presentación: Extracto alcohólico 1:3.
Dosificación: 15 gotas 3 veces por día.

51 • JAZMÍN

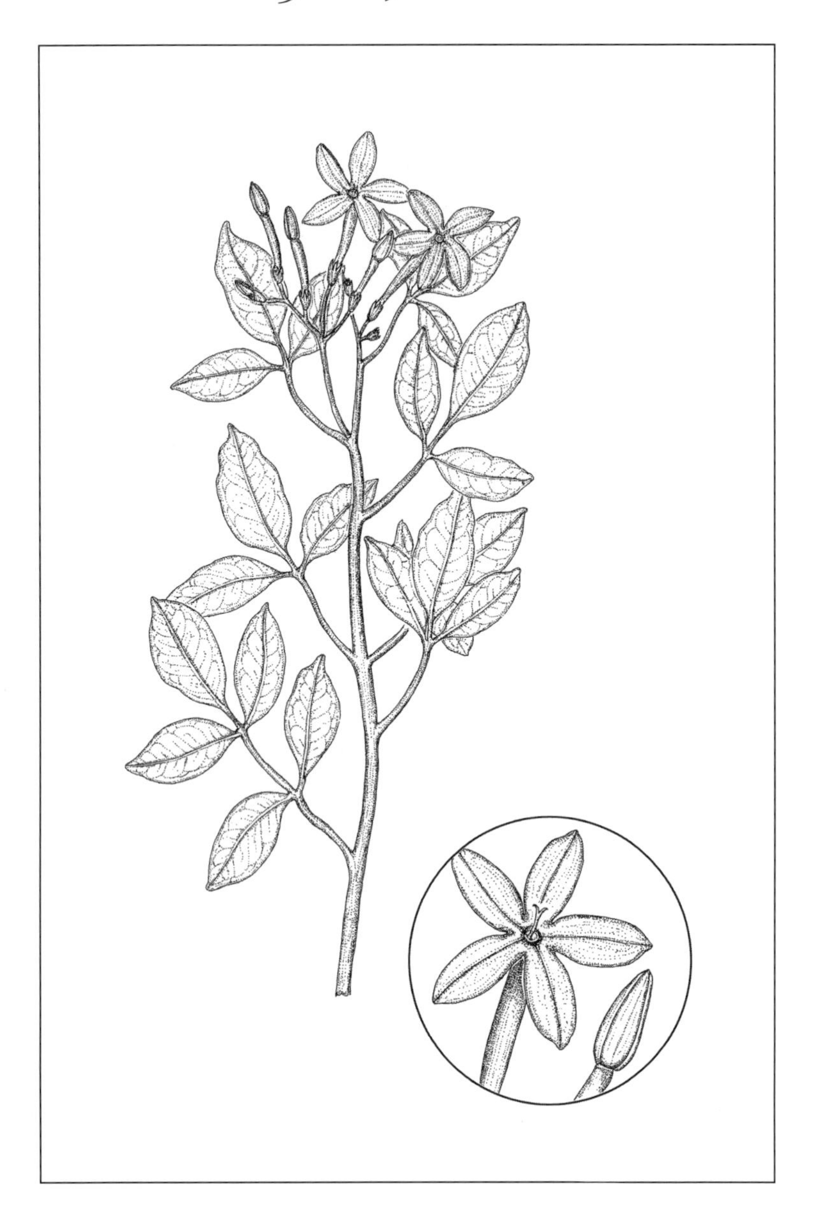

Nombre común	Jazmín
Nombre farmacéutico	*flos Jasmini*
Nombre botánico	*Jasminum officinalis L.*
Parte usada	La flor

Naturaleza

Propiedades:

Primarias: **Sabor:** Picante y dulce.
Temperatura: Cálida.
Humedad: Húmeda.

Secundarias: Restablece, estimula, calma, relaja.

Afinidades:

Órganos y sistemas: Sistema nervioso, órganos reproductivos, riñones, vejiga, pulmones, intestinos.

Organismos: Aire y Temperatura.

Canales: H, R, B, Chong y Ren.

Doshas: Vata+, Pitta-, Kapha-.

Terrenos:

Temperamentos: Melancólico y Flemático.

Biotipos: Shaoyin-agobiado, Taiyin-sensitivo-metal. Yangming-autoestima-metal y Taiyin-dependiente-tierra.

Componentes químicos: Jazminina, linalol, esteroles, acetato de benzilo, ácido salicílico, astringentes.

Categoría: Suave, toxicidad crónica mínima.

Funciones – Usos

1. **Mantiene el yang, calienta, dispersa el frío, restablece los nervios, levanta el espíritu, es antidepresivo.** Deficiencia del yang, agotamiento nervioso, depresión nerviosa y ansiedad.
2. **Tonifica, calienta y relaja los urogenitales, controla las secreciones, seca la humedad-moco, controla las menstruaciones, incrementa el deseo sexual, contribuye al alumbramiento y promueve la lactación.** Deficiencia del yang de los riñones; frigidez e impotencia. Frío del canal del hígado, dolor en los testículos. Frío del útero; flujos, profiláctico del parto difícil, hipogalactia.
3. **Calienta y lenifica los pulmones, mejora la voz, quita la tos, alivia la disnea, calienta los intestinos y controla las descargas.** Frío-flema-sequedad de los pulmones; tos, disfonía. Deficiencia del yang del bazo; diarrea con moco.
4. **Es cicatrizante y humectante.** Irritación de la piel por resequedad, eccema, dermatitis.

Precauciones: Ninguna.

Presentación: Extracto alcohólico 1:3 y aceite esencial.

Dosificación: Extracto: 15-20 gotas 3 veces por día. Aceite esencial: 2-5 gotas 3 veces por día.

52 • JENGIBRE

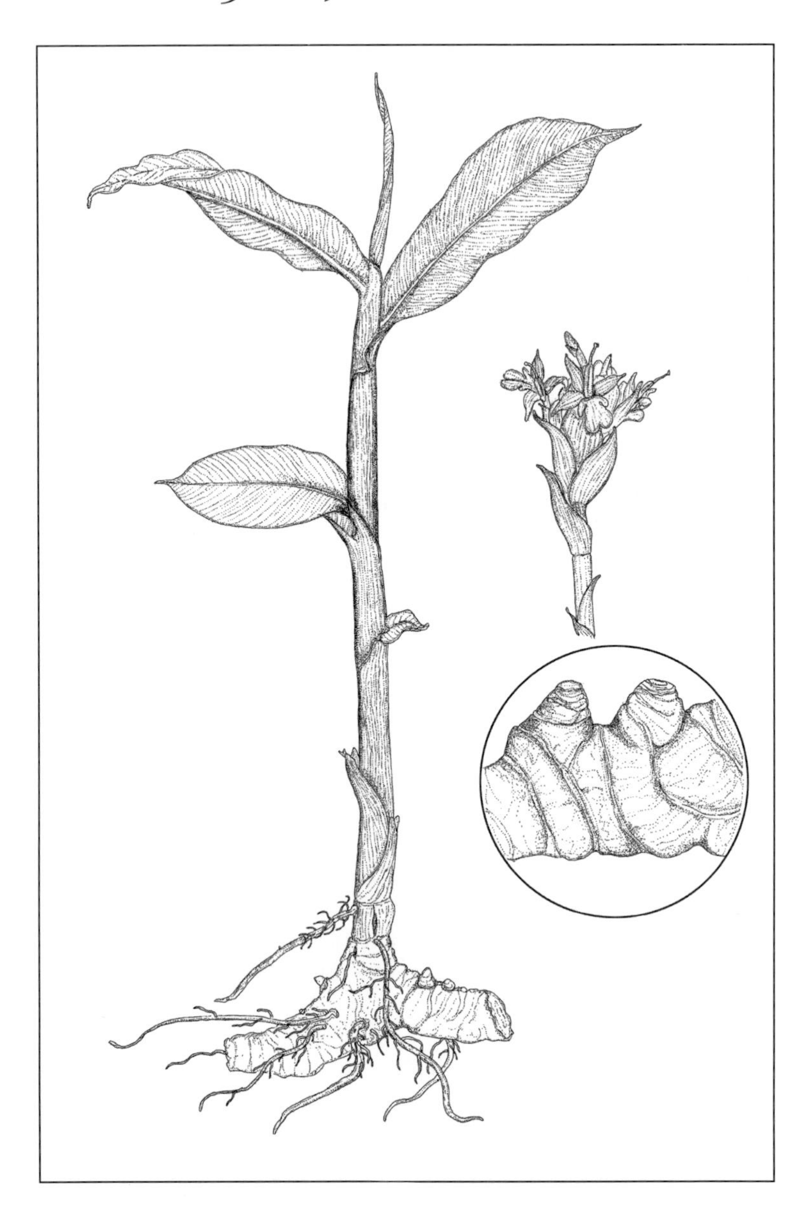

Nombre común	Jengibre
Nombre farmacéutico	*rhizoma Zingiberis*
Nombre botánico	*Zingiber officinalis L.*
Parte usada	El rizoma

Naturaleza

Propiedades:

Primarias: **Sabor:** Picante y dulce.
Temperatura: Caliente.
Humedad: Seca.

Secundarias: Estimula, relaja, restablece, carminativo, acompaña el yang. Movimiento dispersante.

Afinidades:

Órganos y sistemas: Pulmones, sistema digestivo, útero y sistema inmunológico.
Organismos: Temperatura y Aire.
Canales: P, B, E.
Doshas: Vata-, Pitta+, Kapha-.

Terrenos:

Temperamentos: Flemático y Melancólico.
Biotipos: Taiyin-dependiente y Shaoyin-agobiado.

Componentes químicos: Su aceite esencial incluye: zingibereno, canfeno, felandreno. Sesquiterpenoides: jingerol, ácido acético, armasona, acetato de K, S y lignina.

Categoría: Suave, toxicidad crónica mínima.

Funciones - Usos

1. **Es sudorífico, dispersa viento-frío, libera el exterior, estimula los pulmones y expulsa las flemas.** Resfriado por frío-externo. Obstrucción por viento-humedad. Viento-frío externo.
2. **Tonifica y calienta el estómago y los intestinos, moviliza el estancamiento, abre el apetito, es antihemético.** Deficiencia del yang del bazo. Enteritis. Frío del estómago; gastritis crónica. Estancamiento del qi del estómago. Vómito y náuseas. Hiperemesis gravídica. Vómito del viajante.
3. **Tonifica y calienta el útero, es antiespasmódico, promueve las menstruaciones.** Síndrome de frío del útero; cólicos menstruales, ovulación dolorosa. Deficiencia del yang de los riñones; impotencia-frío.
4. **Incrementa las defensas.** Es preventivo en las epidemias y antibiótico.
   Precauciones: Contraindicado en síndromes de fuego del estómago y calor de los pulmones. Úsese sólo durante el primer trimestre del embarazo.
   Presentación: Extracto alcohólico 1:3.
   Dosificación: 30 gotas 3 veces por día.

53 • LENGUA DE VACA

Nombre común	Lengua de vaca
Nombre farmacéutico	*radix Rumicis*
Nombre botánico	*Rumex crispus L.*
Parte usada	La raíz

Naturaleza

Propiedades:

Primarias: **Sabor:** Amargo y astringente.
Temperatura: Fría.
Humedad: Seca.

Secundarias: Disuelve, descongestiona, restablece y astringe.

Afinidades:

Órganos y sistemas: Líquidos, sangre, linfa, intestinos, páncreas, riñones, hígado y piel.
Organismos: Líquidos.
Canales: R, Ig.
Doshas: Vata+, Pitta-, Kapha-.

Terrenos:

Temperamentos: Todos.
Biotipos: Todos.

Componentes químicos: Quercitina, antraquinonas, taninos, emodina, aceite esencial. Ácidos apatímico y crisofánico. Oxalato de calcio. Vitaminas A y C.

Categoría: Suave, toxicidad crónica mínima.

Funciones - Usos

1. **Elimina toxinas, limpia los riñones, el hígado y los intestinos. Remueve el estancamiento, activa el movimiento intestinal, la diuresis, desinflama, beneficia la piel.** Toxemia y discrasia general de los líquidos, estancamiento del qi intestinal, del qi de los riñones, congestión hepática, fuego-toxinas, inflamaciones ORL-ojos, infecciones intestinales, erupciones cutáneas por estancamiento del qi del hígado y de los riñones.
2. **Astringe, reaviva la sangre y la linfa, descongestiona, modera las menstruaciones, resuelve los tumores y promueve la reparación de los tejidos.** Congestión de la sangre del útero, fibrosis, tumores de los órganos reproductivos, congestión linfática, úlceras y heridas.
3. **Restablece la sangre, recupera la deficiencia y genera fortaleza.** Deficiencia de la sangre, anemia y diabetes.

Precauciones: Ninguna.
Presentación: Extracto alcohólico 1:3.
Dosificación: 20 gotas 3 veces por día.

54 • LIMÓN

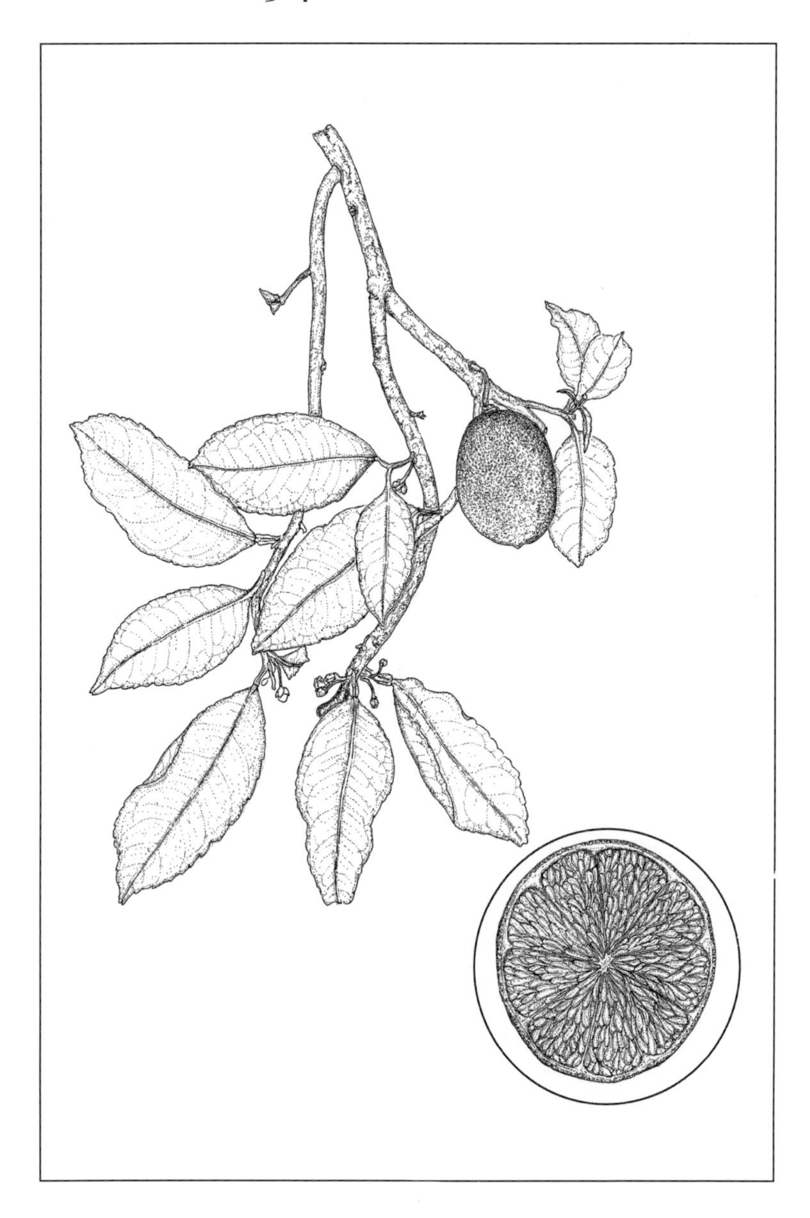

Nombre común	Limón
Nombre farmacéutico	*pericarpium Citri*
Nombre botánico	*Citrus limonum L.*
Parte usada	El pericarpio

Naturaleza

Propiedades:

Primarias: **Sabor:** Ácido, dulce y astringente.
Temperatura: Fría.
Humedad: Seca.

Secundarias: Diluye, disuelve, nutre, descongestiona, astringe y restablece.

Afinidades:

Órganos y sistemas: Hígado, vesícula biliar, estómago, intestinos, corazón, sangre, circulación, páncreas, líquidos, nervios y piel.

Organismos: Aire, Temperatura y Líquidos.

Canales: H, Vb, E, Ig, B, C, Sj, R.

Doshas: Vata+, Pitta-, Kapha=.

Terrenos:

Temperamentos: Todos.

Biotipos: Todos.

Componentes químicos: Citral, citronelol, aldehídos y sustancias alcanforadas, ácidos cítrico y málico, linalilo en acetatos, citratos, resinas, glúcidos, albúminas. Vitaminas: A, B, C y K. Trazas minerales y oligoelementos.

Categoría: Suave, toxicidad crónica mínima.

Funciones - Usos

1. **Es inmunoestimulante, desintoxicante, antiinfeccioso, antihelmíntico, cicatrizante, beneficia la piel, es preventivo en las epidemias.** Fuego-toxinas, infecciones, picaduras de insectos, heridas de la piel, repelente de los insectos.
2. **Es febrífugo, desinflamante, alivia la sed, calma el hígado, elimina el calor.** Calor de la sangre, hipertensión por fuego del hígado y de la vesícula biliar, fuego del estómago con acidez gástrica.
3. **Desintoxica, depura y drena la plétora, licúa la sangre, ablanda los cálculos, beneficia la piel.** Toxemia y discrasia generales, dermatosis, reumatismo, hipercolesterolemia, hiperuricemia, litiasis, congelación, asma.
4. **Astringe, descongestiona, recupera las venas y los capilares, reaviva la sangre, seca el moco, impide las secreciones y el sangrado.** Estancamiento de la sangre, várices, hemorragias, humedad-frío en la cabeza, diarrea, ascitis.
5. **Aumenta el qi y la sangre, tonifica el hígado y el estómago, recupera el bazo, el páncreas y el corazón, abre el apetito.** Deficiencia del qi del bazo, del hígado, del estómago y del corazón, deficiencia de la sangre; anemia, diabetes.
6. **Nutre las esencias y recupera los nervios.** Deficiencia de las esencias de los riñones.

Precauciones: Ninguna.

Presentación: Aceite esencial. Zumo fresco.

Dosificación: Aceite: 5-10 gotas por día. Zumo: 3 copas por día.

55 • LÚPULO

Nombre común Lúpulo

Nombre farmacéutico *strobulos Humuli cum glandulae*

Nombre botánico *Humulus lupulus L.*

Parte usada Las flores

Naturaleza

Propiedades:

Primarias: **Sabor:** Amargo, astringente y picante.
Temperatura: Fría.
Humedad: Seca.

Secundarias: Relaja, seda, disuelve, restablece. Movimiento descendente.

Afinidades:

Órganos y sistemas: Corazón, hígado, estómago, intestinos, riñones, vejiga, piel y SNC.
Organismos: Aire y Temperatura.
Canales: C, Pr, R, H.
Doshas: Vata+, Pitta-, Kapha-.

Terrenos:

Temperamentos: Colérico y Sanguíneo.
Biotipos: Shaoyang-reflexivo, Taiyang-industrioso, Jueyin-expresivo y Yangming-encantador-tierra.

Componentes químicos: Amargos, lupulina, aceites esenciales, asparagina, trimetolamina, ácido lupúlico, humulona, ácido variánico, estrógenos, alcaloides y resinas.

Categoría: Moderadamente fuerte, con alguna toxicidad crónica.

Funciones - Usos

1. **Es febrífugo, tranquilizante, adopta el yin, estabiliza el corazón y serena el espíritu.** Deficiencia del yin de los riñones, deficiencia del yin del corazón y de los riñones, fiebres remitentes, eretismo sexual, irritabilidad. Insuficiencia estrogénica, hipogalactia.
2. **Induce la circulación del qi, relaja la constricción, es antiespasmódico, serena los nervios.** Constricción del qi de los riñones, exceso de nerviosismo, constricción del qi de los pulmones, del qi del corazón, del qi de la vejiga, del qi del útero. Ascenso del yang del hígado, viento interno del hígado, asma espasmódica, fuego del corazón, dolores en general, insomnio.
3. **Tonifica el hígado y el estómago, remueve el estancamiento, es aperitivo.** Deficiencia del qi del hígado y del estómago, anemia, . Estancamiento del qi del hígado.
4. **Es diurético, depurativo, ablanda los cálculos.** Estancamiento del qi de los riñones, reumatismo, gota, litiasis urinaria.
5. **Es antibiótico, antiinflamatorio, desintoxicante, beneficia la piel.** Humedad-calor y fuego-toxinas en la piel; manchas, forúnculos, dermatitis, eccema, herpes.

   Precauciones: Úsese con precaución durante el embarazo; está contraindicado en los estados depresivos. No combinar con medicamentos sintéticos. Vencimiento: 6 meses por las oxidasas que se producen.

   Presentación: Extracto alcohólico 1:3.

   Dosificación: 20 gotas 3 veces por día.

56 • LLANTÉN

Nombre común	Llantén
Nombre farmacéutico	*folium Plantaginis*
Nombre botánico	*Plantago lanceolata L.*
Parte usada	Las hojas

Naturaleza

Propiedades:

Primarias: **Sabor:** Astringente y salado.
Temperatura: Fría.
Humedad: Seca.

Secundarias: Astringe, restablece, descongestiona. Movimiento estabilizante.

Afinidades:

Órganos y sistemas: Pulmones, riñones, vejiga, intestinos, sangre y piel.
Organismos: Temperatura.
Canales: P, Ig, V.
Doshas: Vata=, Pitta-, Kapha-.

Terrenos:

Temperamentos: Todos.
Biotipos: Todos.

Componentes químicos: Taninos, amargos. Glucósidos: aucubina y catalpol. Heterósidos, mucílagos (xilina), ácido silícico, hexitol, Zn, Fe, Ca, Na. Ácidos orgánicos: fosfórico, ursólico y clorogénico. Vitaminas A, C y K.

Categoría: Suave, toxicidad crónica mínima.

Funciones - Usos

1. **Elimina el calor, es febrífugo, desinflama, es antibiótico, desintoxica.** Fuego-toxinas, humedad-calor de intestinos, enteritis, disentería, humedad-calor de la vejiga; cistitis aguda, escrófula, linfangitis séptica, sífilis, quemaduras e inflamaciones ORL.
2. **Restablece, refresca y suaviza los pulmones, resuelve y expulsa la flema, alivia la disnea y la tos.** Flema-calor de los pulmones, flema-sequedad de los pulmones, rinitis alérgica.
3. **Astringe, resuelve el moco, seca la humedad, detiene las descargas, remueve la congestión, modera las menstruaciones, promueve la hemostasia.** Diarrea crónica, disentería, leucorrea, otitis media, congestión de la sangre del útero, sangre-caliente y epistaxis.
4. **Es cicatrizante, hemostático, anodino, antídoto, beneficia la piel.** Odontalgia, previene la trombosis, piel seca y dermatosis.
5. **Limpia los riñones, restablece la vejiga, armoniza la micción.** Estancamiento del qi de los riñones, deficiencia del qi de la vejiga.

Precauciones: Ninguna.
Presentación: Extracto alcohólico 1:3.
Dosificación: 20 gotas 3 veces por día.

57 • MAÍZ

Nombre común	Maíz
Nombre farmacéutico	*stylus Zeae*
Nombre botánico	*Zea mays L.*
Parte usada	Los estigmas

Naturaleza

Propiedades:

Primarias: **Sabor:** Dulce y astringente.
Temperatura: Fresca.
Humedad: Seca.

Secundarias: Restablece, estimula, nutre, reblandece y disuelve.

Afinidades:

Órganos y sistemas: Urogenitales, vesícula biliar y arterias.
Organismos: Temperatura y Líquidos.
Canales: V, Vb, R.
Doshas: Vata+, Pitta-, Kapha-.

Terrenos:

Temperamentos: Colérico y Sanguíneo.
Biotipos: Shaoyang-reflexivo y Yangming-tierra.

Componentes químicos: Saponinas, taninos, alantoína, alcaloides volátiles, esteroles, glicósidos, timol, resinas. Ácidos: maicénico, palmítico, silícico, málico. Factores de coagulación, albuminoides, floruros y silicatos, flobafeno, vitaminas C y K.

Categoría: Suave, toxicidad crónica mínima.

Funciones - Usos

1. **Elimina el calor, desinflama, es antiinfeccioso, seca la humedad, detiene las descargas, limpia la vesícula biliar y es analgésico.** Humedad-calor de la vejiga y de los riñones, infección genitourinaria, humedad-calor de la vesícula biliar, colecistitis.
2. **Elimina la estasis, extrae el agua, promueve la micción, ablanda y elimina los depósitos, expulsa los cálculos.** Congestión de los líquidos de los riñones, estancamiento del qi de los riñones; toxemia y arterioesclerosis.
3. **Restablece los urogenitales y suaviza la irritación, recupera las esencias.** Deficiencia genitourinaria del qi (inestabilidad del qi de los riñones), irritación de la vejiga, deficiencia de las esencias de los riñones.

Precauciones: Ninguna.
Presentación: Extracto alcohólico 1:3.
Dosificación: 30-40 gotas 2 veces por día.

58 • MALVA

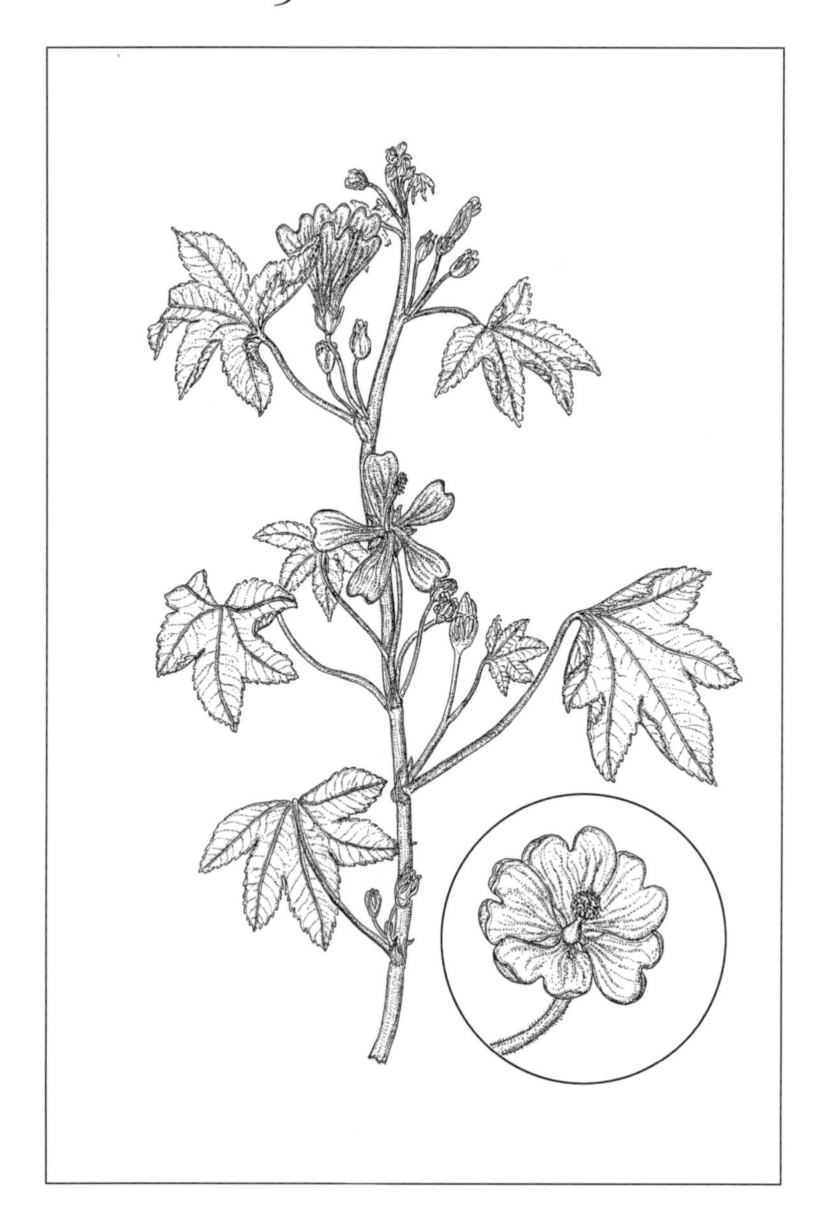

Nombre común Malva

Nombre farmacéutico *flos et folium Malvae*

Nombre botánico *Malva sylvestris L.*

Parte usada Las flores y las hojas

Naturaleza

Propiedades:

Primarias: **Sabor:** Dulce.
Temperatura: Fresca.
Humedad: Húmeda.

Secundarias: Relaja, ablanda y espesa.

Afinidades:

Órganos y sistemas: Estómago, pulmones, intestinos, riñones y vejiga.
Organismos: Temperatura y Líquidos.
Canales: P, E, Ig, V.
Doshas: Vata-, Pitta-, Kapha+.

Terrenos:

Temperamentos: Colérico y Sanguíneo.
Biotipos: Shaoyang-reflexivo y Yangming-encantador-tierra.

Componentes químicos: Fitosteroles, almidones, pectinas, asparagina, azúcar, mucílagos, aceites fijos, trazas minerales de Ca y P, ácido málico.

Categoría: Suave, toxicidad crónica mínima.

Funciones - Usos

1. **Tonifica el yin, humedece, elimina el calor, es diurética y expectorante.** Deficiencia del qi de los pulmones; pleuresía, sequedad de los pulmones; tosferina. Sequedad del estómago y de los intestinos; gastritis, hernia hiatal, fuego del estómago; halitosis, gingivitis, úlcera gastroduodenal, hiperacidez, nefritis, cólico renal.
2. **Es antiinfecciosa, inmunoestimulante, desinflamante, desintoxicante, cicatrizante, ablanda los diviesos y drena el pus.** Humedad-calor de los intestinos, humedad-calor de la vejiga; cistitis, uretritis, litiasis urinaria. Humedad-calor de la piel, infecciones crónicas de la piel, heridas infectadas, mastitis, erupciones cutáneas secas.
3. **Desinflama y relaja los tendones, ayuda en la lactación.** Tendinitis, esguinces y torceduras de músculos y tendones. Hipogalactia.

Precauciones: Ninguna.

Presentación: Extracto alcohólico 1:3 para funciones 1 y 2. Maceración fría y fresca para las demás. Es también ingrediente de preparaciones para uso externo.

Dosificación: Extracto: 20 gotas 3 veces por día. Maceración fresca: 1 taza 2 veces por día.

59 • MANZANILLA

Nombre común	Manzanilla
Nombre farmacéutico	*flos Anthemis*
Nombre botánico	*Matricaria chamomilla L.*
Parte usada	Las flores

Naturaleza

Propiedades:

Primarias: **Sabor:** Amargo y dulce.
Temperatura: Cálida.
Humedad: Húmeda.

Secundarias: Relaja, calma, restablece, estimula, descongestiona y disuelve.

Afinidades:

Órganos y sistemas: Estómago, pulmones, hígado, intestinos, nervios, ORL y útero.
Organismos: Aire y Temperatura.
Canales: Pr, H, B, P, Ig, Chong y Ren.
Doshas: Vata=, Pitta-, Kapha-.

Terrenos:

Temperamentos: Sanguíneo y Colérico.
Biotipos: Jueyin-expresivo, Shaoyang-reflexivo y Taiyang-industrioso.

Componentes químicos: Proazulenos, terpenos, bisabolol, farnoseno. Glicósidos amargos: lactonas, nobilina, antemeno. Taninos, alcanfor, glicósidos heterósidos y flavónicos. Ácidos: valeriánico, acetilénico, salicílico. Cumarinas, resinas, fitosteroles, I, Ca y K.

Categoría: Suave, toxicidad crónica mínima.

Funciones - Usos

1. **Afloja la constricción, hace circular el qi, relaja los nervios, apacigua el hígado y calma el viento, es analgésica e induce el reposo.** Constricción del qi en general, constricción del qi intestinal o disarmonía del hígado y del bazo, úlceras gástricas, constricción del qi de los pulmones, ascenso del yang del hígado; jaquecas, síndrome menopáusico. Constricción del qi de los riñones, viento interno de los riñones. Síndrome de tensión premenstrual.
2. **Tonifica y recupera el hígado y la vesícula biliar, desestanca, tonifica el útero, regula las menstruaciones.** Deficiencia del qi del hígado y del estómago, estancamiento del qi del hígado con leucopenia. Estancamiento del qi del útero.
3. **Es sudorífica, febrífuga, dispersa el viento-calor, libera el exterior.** Viento-calor externos, fiebres shaoyang y shaoyin.
4. **Estimula los pulmones, elimina las flemas y alivia la respiración, despeja la cabeza.** Humedad-flemas de los pulmones, bronquitis aguda. Viento-calor de los pulmones, humedad-calor de la cabeza.
5. **Es antiinflamatoria, antibiótica y desintoxicante, ablanda las tumoraciones, es anodina, cicatrizante, dérmica y mejora los tendones.** Humedad-calor de los intestinos; enteritis aguda. Dermatitis por calor, pruritos, eccemas, heridas infectadas, neuritis faciales, quemaduras, dolor de oído y dolores reumáticos.

Precauciones: Contraindicada en el embarazo.
Presentación: Extracto alcohólico 1:3, infusión de las flores.
Dosificación: Extracto: 20-30 gotas 3 veces por día. Infusión de 7-10 flores 3 veces por día.

60 • MARRUBIO

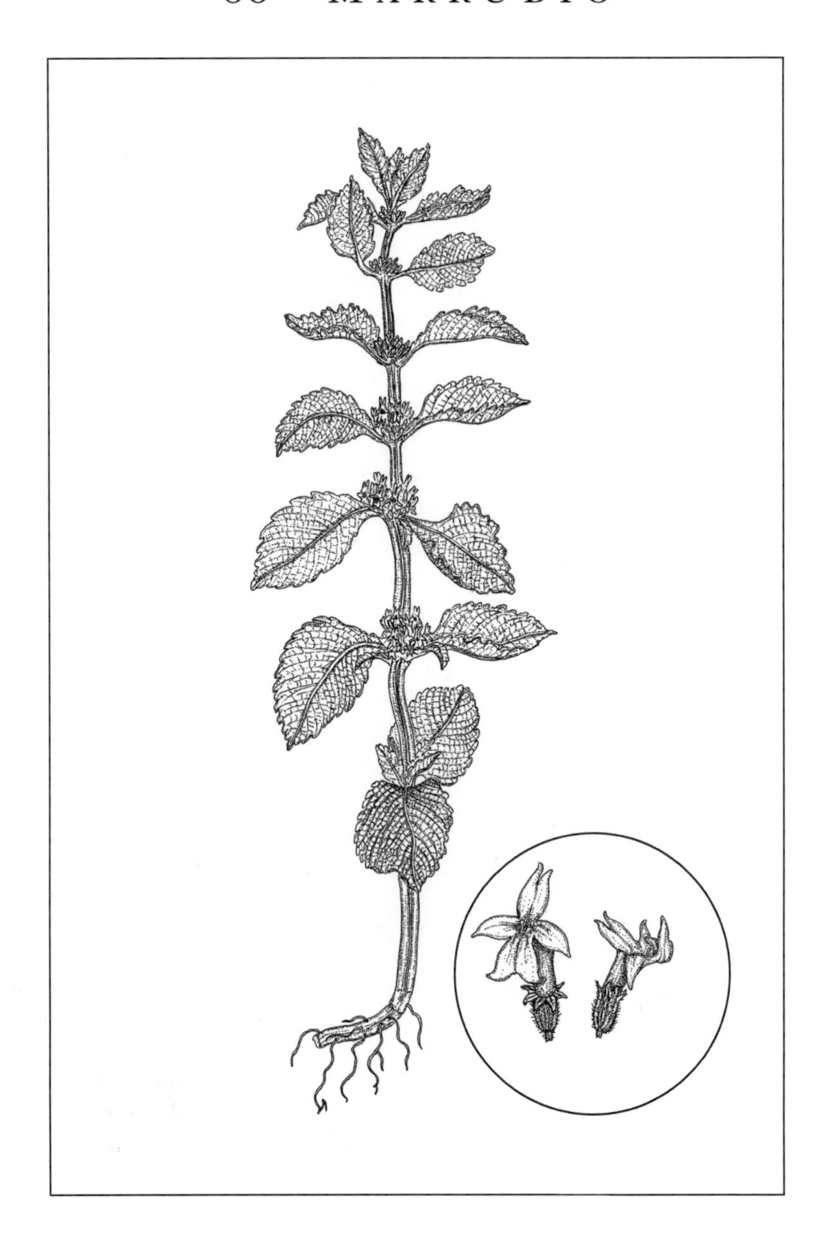

Nombre común	Marrubio
Nombre farmacéutico	*herba Marrubii*
Nombre botánico	*Marrubium vulgare L.*
Parte usada	Sumidades floridas

Naturaleza

Propiedades:

Primarias: **Sabor:** Amargo, picante y salado.
Temperatura: Fresca.
Humedad: Seca.

Secundarias: Estimula, restablece, relaja, desobstruye.

Afinidades:

Órganos y sistemas: Corazón, pulmones, hígado, riñones, estómago y útero.
Organismos: Aire y Temperatura.
Canales: P, H, B.
Doshas: Vata+, Pitta-, Kapha-.

Terrenos:

Temperamentos: Flemático.
Biotipos: Taiyin-dependiente-tierra.

Componentes químicos: Sesquiterpenos amargos (marrubina), saponinas, estaquidrina, betomicina, colina, flavonoides, mucílagos, taninos, ácido ursólico, ácido gálico, nitrato de K, aceite esencial, pectina, resinas y Fe.

Categoría: Suave, toxicidad crónica mínima.

Funciones - Usos

1. **Tonifica los pulmones, alivia la tos, expulsa la flema, controla la infección, elimina el calor, alivia la garganta.** Viento-calor de los pulmones; resfriados, bronquitis crónica o aguda, laringitis, tos crónica, ronquera. Tifoidea.
2. **Relaja el corazón.** Constricción del qi del corazón.
3. **Drena la plétora, es depurativo, desintoxicante, limpia los riñones, regulariza la micción y las menstruaciones.** Estancamiento de qi del hígado, obesidad, disuria. Estancamiento del qi del útero; placenta retenida.
4. **Restablece el hígado, el bazo, el estómago, es aperitivo, fortalece.** Deficiencia del qi del hígado, del bazo, del estómago. Combate la anemia.
5. **Estimula la regeneración tisular.**

Precauciones: Contraindicado en deficiencias-frío y en la deficiencia del yang de los riñones.

Presentación: Extracto alcohólico 1:3. Deshidratado, en cápsulas.

Dosificación: Extracto: 15-25 gotas 3 veces por día. Cápsulas: 2 de 500 mg 3 veces por día.

61 • MENTA PIPERITA

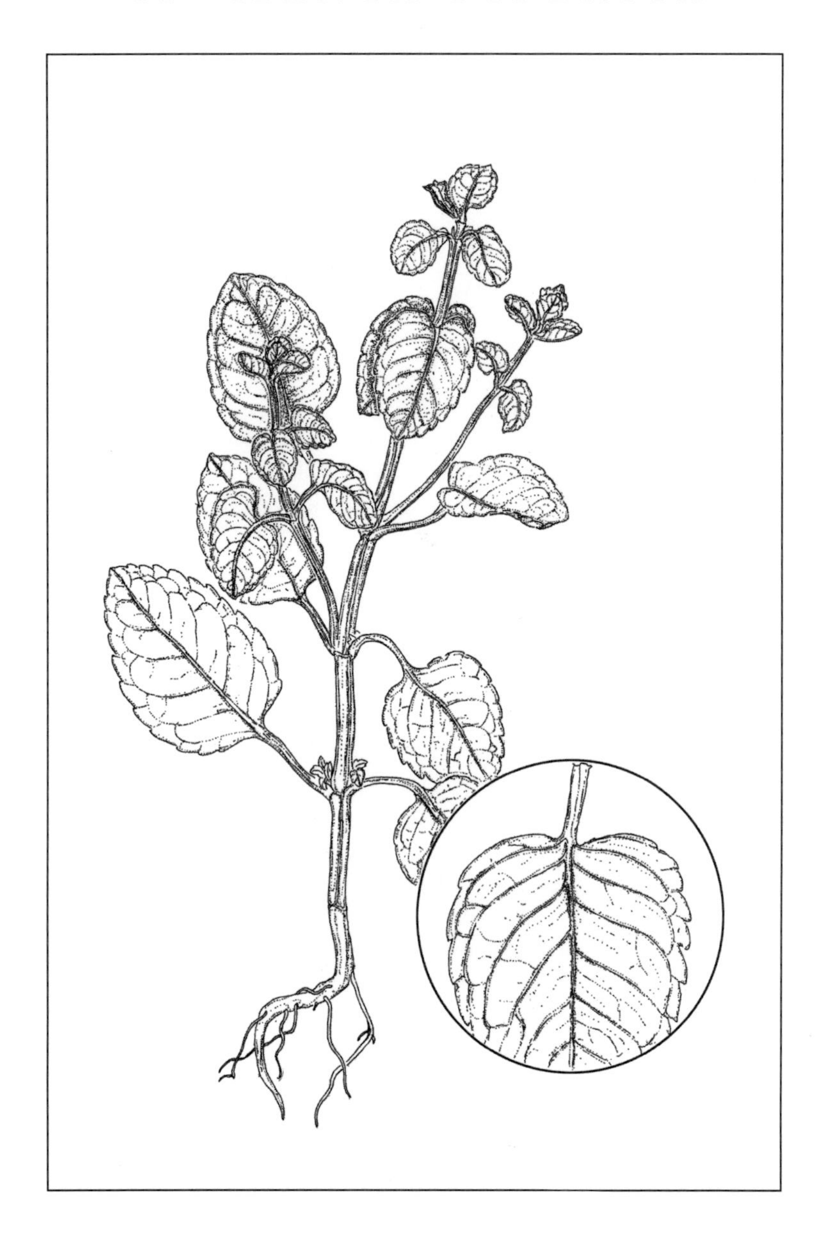

Nombre común	Menta piperita
Nombre farmacéutico	*folium Menthae*
Nombre botánico	*Mentha piperita L.*
Parte usada	Las hojas

Naturaleza

Propiedades:

Primarias: **Sabor:** Picante y dulce.
Temperatura: Cálida.
Humedad: Seca.

Secundarias: Relaja, restablece, estimula, astringe. Movimiento dispersante.

Afinidades:

Órganos y sistemas: SNC, corazón, estómago, pulmones, hígado, vesícula biliar e intestinos.

Organismos: Aire y Temperatura.

Canales: P, B, H.

Doshas: Vata+, Pitta+, Kapha=.

Terrenos:

Temperamentos: Flemático y Sanguíneo.

Biotipos: Taiyin-dependiente-tierra y Jueyin-expresivo.

Componentes químicos: Mentol, felandreno, cetona, aldehídos, terpenos, mentonas, taninos, amargos y resinas.

Categoría: Medianamente fuerte, con alguna toxicidad crónica.

Funciones - Usos

1. **Dispersa el viento-frío, es sudorífica, seca la humedad, despeja la cabeza y libera el exterior.** Viento-frío de los pulmones, viento-externo-frío-calor. Frío-humedad en la cabeza.
2. **Es antibiótica, antihelmíntica, tonifica y calienta los pulmones, expulsa las flemas. Calienta y estimula el útero y los intestinos, promueve las menstruaciones.** Frío-flema en los pulmones; bronquitis crónica. Humedad del bazo; cólera, enteritis, úlcera gastroduodenal. Humedad-frío del útero, constricción del qi del útero; dismenorrea.
3. **Tonifica y depura el hígado y la vesícula biliar; es colagoga, antiflatulenta, calma el estómago, relaja los nervios y serena el viento.** Estancamiento del qi del hígado; hepatitis crónica. Ascenso del yang del hígado, temblores, jaquecas, cólicos biliares. Reflujo del qi del estómago, náuseas y vómitos. Constricción del qi de los intestinos; colitis nerviosa.
4. **Restablece el cerebro, tonifica los nervios.** Vértigo, deficiencia nerviosa.
5. **Es antiinflamatoria, analgésica, dermatológica.** Dolores reumáticos, acné.
6. **Suspende la lactación.** Descongestiona los senos con acumulación de leche.

Precauciones: Dosis exageradas pueden producir convulsiones. Contraindicada en las deficiencias del yin.

Presentación: Aceite esencial. Extracto alcohólico 1:3.

Dosificación: Aceite: 2-4 gotas 2 ó 3 veces por día. Extracto: 20 gotas 3 veces por día.

62 • MILENRAMA

Nombre común	Milenrama
Nombre farmacéutico	*herba Achillea*
Nombre botánico	*Achillea millefolium L.*
Parte usada	Toda la planta

Naturaleza

Propiedades:

Primarias: **Sabor:** Amargo, astringente y dulce.
Temperatura: Neutral.
Humedad: Seca.

Secundarias: Estimula, restablece, astringe, relaja, descongestiona.

Afinidades:

Órganos y sistemas: Circulación, hígado, riñón, vejiga, intestinos, útero, sangre, endocrino.
Organismos: Aire y Líquidos.
Canales: B, H, V, R, Chong y Ren.
Doshas: Vata+, Pitta-, Kapha-.

Terrenos:

Temperamentos: Sanguíneo y Colérico.
Biotipos: Jueyin-expresivo y Shaoyang-reflexivo.

Componentes químicos: Apigenina, tujonas, taninos, ésteres, camazuleno, aquileína. Ácidos: salicílico, isovaleriánico, aconítico. Inulina, glicósidos, resinas, vitamina C. Silicona, clorofila, Na, K y P.

Categoría: Suave, toxicidad crónica mínima.

Funciones - Usos

1. **Restablece el hígado, el estómago, el bazo, los riñones, la vejiga y la médula ósea. Es antiinflamatoria y desirritante.** Deficiencia del qi del hígado y del estómago; colitis, gastroenteritis, cistitis. Deficiencia del qi de la vejiga: cistitis, litiasis urinaria. Deficiencia del qi de los riñones; nefrosis, trastornos de la médula ósea.
2. **Elimina el estancamiento, depura y estimula el hígado. Promueve la diuresis y las menstruaciones y regula el embarazo y la menopausia.** Estancamiento del qi del hígado, de los riñones, del útero. Toxemia general, deficiencia de estrógenos y progesterona, trastornos de la menopausia.
3. **Es sudorífica, antiespasmódica y libera el exterior.** Fiebres eruptivas, síndromes de viento-externo-calor-frío.
4. **Elimina la constricción, induce la circulación del qi y es antiespasmódica.** Constricción del qi del corazón; angina de pecho. Constricción del qi de los intestinos, de la vejiga y del útero. Ascenso del yang del hígado.
5. **Reaviva la sangre, descongestiona, elimina el moco-humedad, detiene las secreciones. Modera las menstruaciones.** Estancamiento de la sangre venosa, detiene las hemorragias pasivas. Combate los flujos y la congestión de la sangre del útero.
6. **Cicatriza y regenera tejidos.** Ulceraciones oculares y en general ORL, combate la caspa.
   Precauciones: Ninguna.
   Presentación: Extracto alcohólico 1:3.
   Dosificación: 15-20 gotas 3 veces por día.

63 • MORA DE CASTILLA

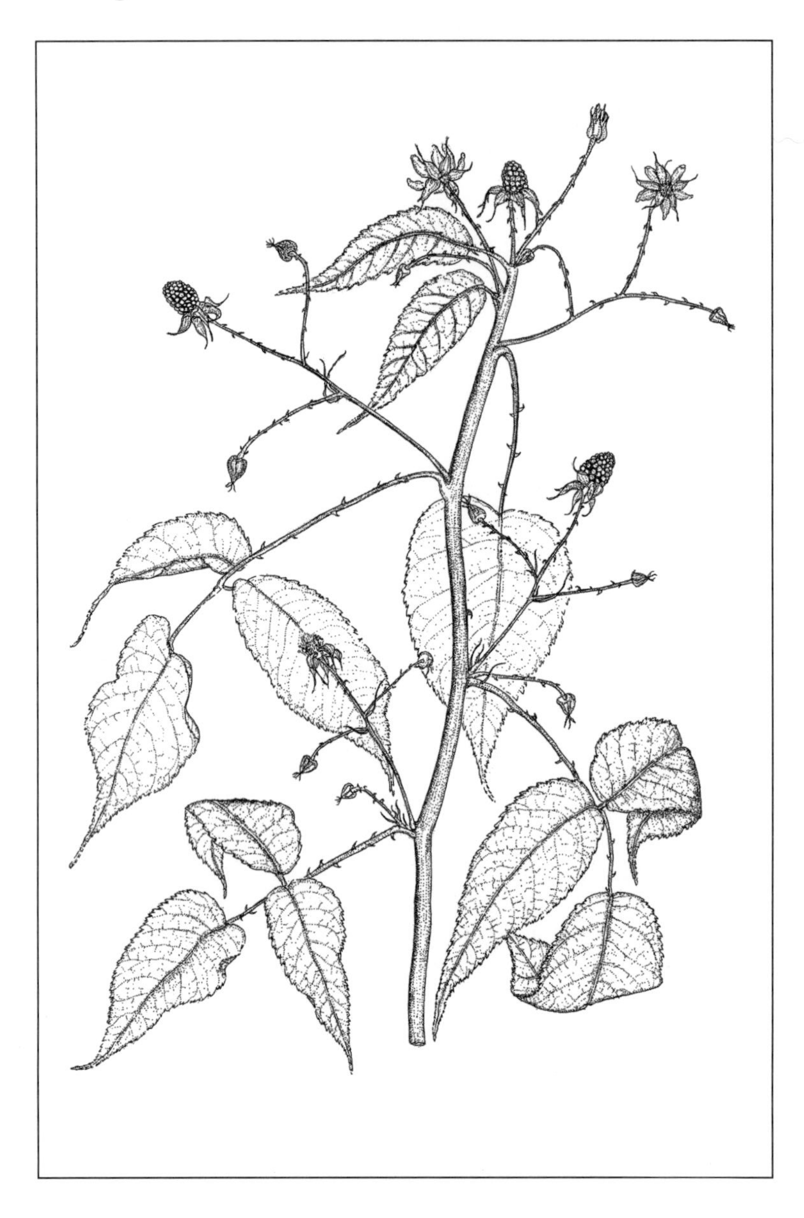

Nombre común Mora de Castilla

Nombre farmacéutico *folium Rubi*

Nombre botánico *Rubus idaeus L.*

Parte usada Las hojas

Naturaleza

Propiedades:

Primarias: **Sabor:** Astringente.
Temperatura: Fresca.
Humedad: Seca.

Secundarias: Estimula, restablece, astringe.

Afinidades:

Órganos y sistemas: Estómago, intestinos, útero y pulmones.
Organismos: Aire.
Canales: E, Chong y Ren.
Doshas: Vata+, Pitta-, Kapha-.

Terrenos:

Temperamentos: Todos.
Biotipos: Todos.

Componentes químicos: Ácidos: gálico, elágico, bernsteínico, láctico. Taninos, farfarina, fragarina. Vitaminas C y A. Trazas minerales de P y Fe.

Categoría: Suave, toxicidad crónica mínima.

Funciones - Usos

1. **Tonifica y restablece el útero, beneficia el embarazo, el trabajo de parto y el alumbramiento, previene el aborto y garantiza la lactancia.** Deficiencia del qi del útero, aborto habitual, hipogalactia.
2. **Seca la humedad-moco, remueve el estancamiento, astringe, suspende las menstruaciones prolongadas y detiene las secreciones.** Diarrea infantil, leucorrea, sangrado fácil por deficiencia del qi, gingivitis, prolapso uterino, estancamiento del qi del estómago, estreñimiento suave.
3. **Es antiinflamatoria, cicatrizante, antiespasmódica, beneficia la garganta y los pulmones.** Infecciones e inflamaciones ORL, quemaduras, erupciones cutáneas, espasmos intestinales y del útero, irritaciones de la vejiga, de la próstata. Bronquitis, disfonía.

Precauciones: Ninguna.
Presentación: Extracto alcohólico 1:3.
Dosificación: 20-30 gotas 3 veces por día.

64 • MORA SILVESTRE

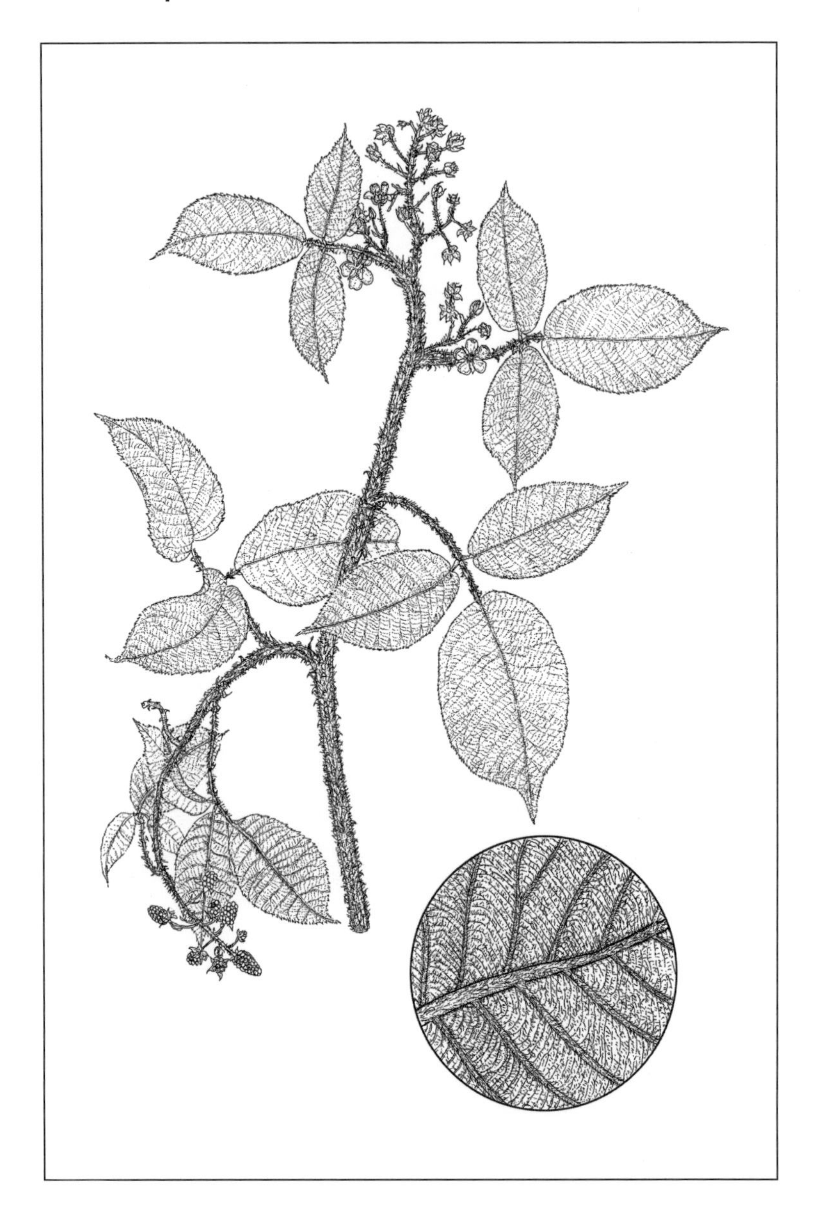

Nombre común	Mora silvestre
Nombre farmacéutico	*folium Rubi*
Nombre botánico	*Rubus bogotensis et glauca*
Parte usada	Las hojas

Naturaleza

Propiedades:

Primarias: **Sabor:** Astringente.
Temperatura: Fría.
Humedad: Seca.

Secundarias: Restablece, disuelve, astringe.

Afinidades:

Órganos y sistemas: Vías respiratorias altas, pulmones, estómago, intestinos.

Organismos: Aire y Temperatura.

Canales: P, V.

Doshas: Vata=, Pitta-, Kapha-.

Terrenos:

Temperamentos: Todos.

Biotipos: Todos.

Componentes químicos: Ácidos: tánico y cítrico. Sulfato de calcio. K, resinas, glucósidos, taninos, cera, aceites fijos y aceite esencial en mínima cantidad.

Categoría: Suave, toxicidad crónica mínima.

Funciones - Usos

1. **Es febrífuga, desinflama, enfría, mejora la voz.** Inflamación de la garganta, gingivitis, fiebre y afonía.
2. **Resuelve el moco, astringe, cicatriza, seca la humedad, detiene las secreciones, es hemostática.** Heridas que no cicatrizan, epistaxis, sangrado oral, digestivo. Diarreas, enteritis, leucorrea, secreciones prostáticas.
3. **Es lenitiva, ablanda los cálculos, es diurética.** Irritación urinaria, litiasis vesical.
4. **Expulsa la flema.** Flema viscosa en los pulmones.

Precauciones: Por lo astringente puede producir estreñimiento.

Presentación: Extracto alcohólico 1:3.

Dosificación: 20 gotas 3 veces por día.

65 • NOGAL

Nombre común	Nogal
Nombre farmacéutico	*folium et cortex Juglandis*
Nombre botánico	*Juglans colombiensis*
Parte usada	Las hojas y la corteza

Naturaleza

Propiedades:

Primarias: **Sabor:** Astringente, amargo, picante.
Temperatura: Neutral.
Humedad: Seca.

Secundarias: Estimula, disuelve, astringe, solidifica. Movimiento estabilizante.

Afinidades:

Órganos y sistemas: Piel, huesos, nervios, estómago, intestinos, páncreas.
Organismos: Temperatura y Líquidos.
Canales: B, Id.
Doshas: Vata-, Pitta+, Kapha+.

Terrenos:

Temperamentos: Flemático y Melancólico.
Biotipos: Taiyin-dependiente-tierra, Yangming-autoestima-metal, Taiyin-sensitivo-metal y Shaoyin-agobiado.

Componentes químicos: Juglona, serotonina, proteínas, fosfato de potasio, oxalato de calcio, yoduro de azufre, cloruro de calcio, fosfato de magnesio, sulfato de potasio. Ácidos: gálico, elágico, tánico. Trazas de: I, Cu, Si, Zn, Mg, Ca, K, S. Vitamina C, flavonoides, alcaloides y taninos.

Categoría: Suave, toxicidad crónica mínima.

Funciones - Usos

1. **Incrementa el qi central, es hemostático, astringente, seca el moco-humedad, controla las secreciones y descargas.** Hemorragias en general, humedad del bazo, diarrea, sudoración espontánea, hundimiento del qi central, prolapsos, diabetes.
2. **Tonifica y calienta el estómago, el bazo y los intestinos. Remueve el estancamiento, es hemostático y antihelmíntico, induce los movimientos intestinales.** Deficiencia del yang del bazo, debilidad crónica, anemia. Estancamiento del qi de los intestinos; antiparasitario.
3. **Es antiinflamatorio, antiinfeccioso, cicatrizante y dermatológico, disuelve las tumoraciones, beneficia el cabello y los huesos.** Eccemas crónicos, pruritos, caspa, alopecia, ganglios inflamados, inflamaciones ORL, sífilis, TBC, infecciones crónicas intestinales o urinarias, tumores, várices, infecciones óseas, heridas rebeldes.

Precauciones: Ninguna.
Presentación: Extracto alcohólico 1:3.
Dosificación: 20 gotas 3 veces por día.

66 • NOVIO

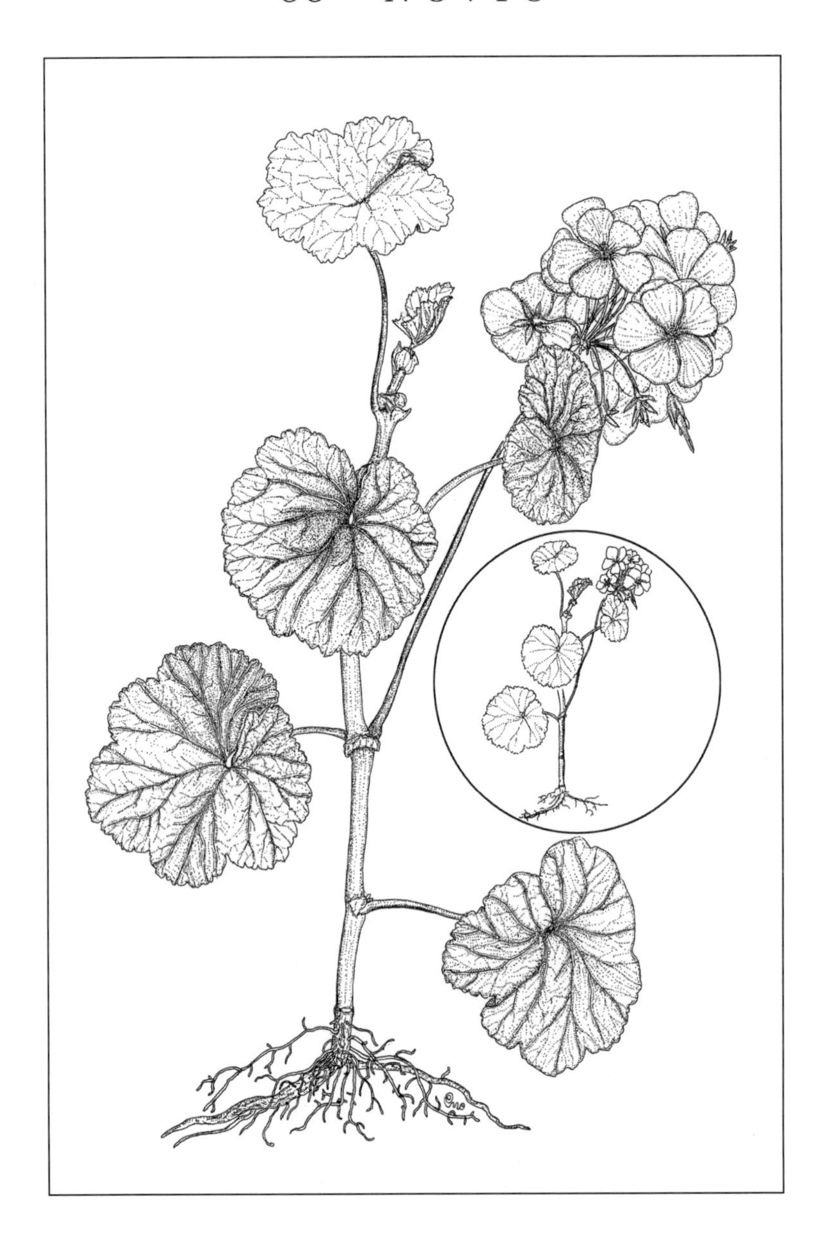

Nombre común	Novio
Nombre farmacéutico	*radix Geranii*
Nombre botánico	*Geranium maculatum L.*
Parte usada	La raíz

Naturaleza

Propiedades:

Primarias: **Sabor:** Astringente y dulce.
Temperatura: Fresca.
Humedad: Seca.

Secundarias: Solidifica, astringe, restablece. Movimiento estabilizante.

Afinidades:

Órganos y sistemas: Estómago, hígado, riñones, intestinos, urogenitales.
Organismos: Líquidos.
Canales: Id, Ig.
Doshas: Vata+, Pitta-, Kapha-.

Terrenos:

Temperamentos: Todos.
Biotipos: Todos.

Componentes químicos: Pectina, sulfato de potasio, taninos, ácido gálico, resinas.
Categoría: Suave, toxicidad crónica mínima.

Funciones - Usos

1. **Es astringente, hemostático, antidiarreico, elimina el moco-humedad.** Humedad-frío de los intestinos; diarrea permanente, enteritis subaguda o crónica, cólera. Humedad-frío genitourinarios; cistitis mucosa, hemorragias pasivas, menstruaciones copiosas, sangrado intermenstrual, hemorroides sangrantes.
2. **Es analgésico, antiácido, controla las secreciones.** Úlcera gástrica, ulceraciones orales rebeldes, úlceras intestinales o vesicales, sudoración excesiva en general.
3. **Es diurético.** Fuego de los riñones con retención de la orina, glomerulonefritis.

Precauciones: Ninguna.
Presentación: Extracto alcohólico 1:3.
Dosificación: 20 gotas 3 veces por día.

67 • OLMO

Nombre común	Olmo
Nombre farmacéutico	*cortex Ulmi*
Nombre botánico	*Ulmus fulva L.*
Parte usada	La corteza

Naturaleza

Propiedades:

Primarias: **Sabor:** Dulce y blando.
Temperatura: Fresca.
Humedad: Húmeda.

Secundarias: Nutre, espesa, astringe. Movimiento estabilizante.

Afinidades:

Órganos y sistemas: Estómago, pulmones, vejiga.
Organismos: Líquidos y Temperatura.
Canales: P, E.
Doshas: Vata-, Pitta-, Kapha+.

Terrenos:

Temperamentos: Todos.
Biotipos: Todos.

Componentes químicos: Mucílagos, almidón, polisacáridos, oxalato de calcio, vitamina C y taninos.

Categoría: Suave, toxicidad crónica mínima.

Funciones - Usos

1. **Tonifica el yin. Elimina el calor y la sequedad, nutre y fortalece.** Enfermedades febriles shaoyin con resequedad. Sequedad de los pulmones; tos seca. Deficiencia del yin de los pulmones, sequedad del estómago, úlcera péptica. Humedad-calor de la vejiga, inflamación de la garganta. Humedad-calor de la piel, quemaduras.
2. **Es astringente, antiinfeccioso, detiene las secreciones.** Diarrea, cólera, hemoptisis por deficiencia del qi de los pulmones.

Precauciones: Es más indicado para uso externo. Para uso interno, dosis muy bajas y suaves.

Presentación: Extracto alcohólico 1:5.

Dosificación: 10 gotas 3 veces por día.

68 • ORÉGANO

Nombre común	Orégano
Nombre farmacéutico	*herba Origani*
Nombre botánico	*Origanum vulgare L.*
Parte usada	La planta entera

Naturaleza

Propiedades:

Primarias: **Sabor:** Amargo, picante, dulce y astringente.
Temperatura: Neutral.
Humedad: Seca.

Secundarias: Estimula, restablece, relaja, astringe. Movimiento estabilizante.

Afinidades:

Órganos y sistemas: Órganos reproductivos, circulación, corazón, intestinos, riñones y vejiga.

Organismos: Aire y Temperatura.

Canales: C, P, B, R, Chong y Ren.

Doshas: Vata-, Pitta+, Kapha-.

Terrenos:

Temperamentos: Sanguíneo.

Biotipos: Jueyin-expresivo y Yangming-encantador-tierra.

Componentes químicos: Glicósidos, saponinas, pentosanos, alcaloides. Ácidos: rosmarínico, ursólico y cafeico. Gomas, taninos, amargos, terpinol, alcanfor, proteínas, carbacol y trazas minerales.

Categoría: Suave, toxicidad crónica mínima.

Funciones - Usos

1. **Elimina la constricción, induce la circulación del qi, relaja los nervios, libera de los espasmos, calma el viento, serena el espíritu y seda la ansiedad.** Constricción del qi mental, del qi del corazón, de los pulmones, del útero. Eretismo cardiaco, dismenorrea, constricción del qi de los riñones, ascenso del yang del hígado, migraña y viento de los riñones.
2. **Tonifica el yin y sustenta el corazón, apacigua la hiperexcitación sexual e induce el reposo.** Deficiencia del yin del corazón y de los riñones, deficiencia del yin del hígado y de los riñones, insomnio, eretismo sexual.
3. **Calienta y vigoriza los intestinos, el bazo y los urogenitales. Promueve los movimientos intestinales, remueve el estancamiento, seca la humedad, controla las secreciones.** Deficiencia de yang del bazo, humedad del bazo, enfermedad de Crohn, frío-humedad genitourinarios, frío del útero, infertilidad, amenorrea.
4. **Armoniza la diuresis, es lenitivo y expulsa los cálculos.** Cistitis, litiasis urinaria.
5. **Restablece el cerebro y los nervios, recupera las esencias, beneficia la memoria.** Deficiencia de las esencias de los riñones.

Precauciones: Ninguna.

Presentación: Extracto alcohólico 1:3.

Dosificación: 20-30 gotas 3 veces por día.

69 • ORTIGA

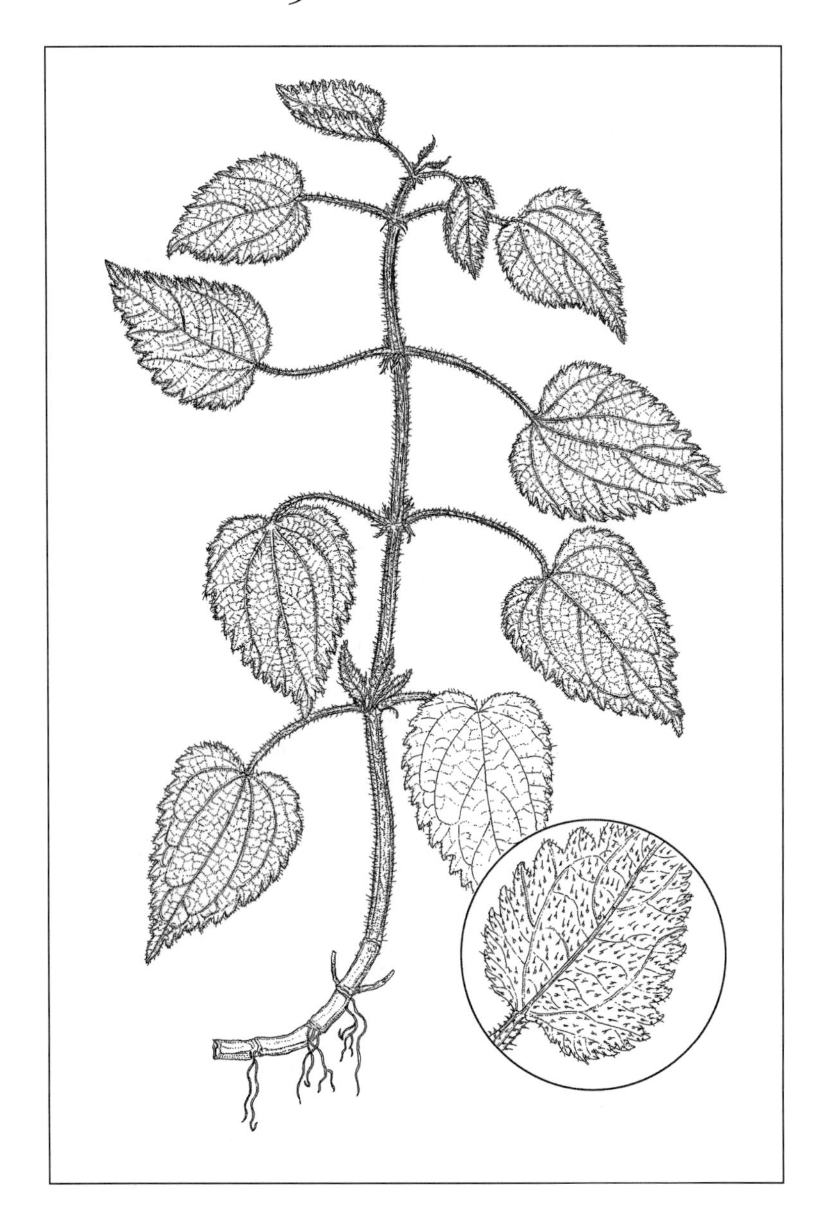

Nombre común	Ortiga
Nombre farmacéutico	*folium Urticae*
Nombre botánico	*Urtica dioica L.*
Parte usada	La hoja

Naturaleza

Propiedades:

Primarias: **Sabor:** Astringente y amargo.
Temperatura: Fresca.
Humedad: Seca.

Secundarias: Astringe, estimula, nutre, disuelve, restablece. Movimiento estabilizante.

Afinidades:

Órganos y sistemas: Hígado, bazo, vejiga, pulmones, riñones, intestinos, sangre, líquidos y tejidos conectivos.

Organismos: Aire y Líquidos.

Canales: H, B, Chong y Ren.

Doshas: Vata+, Pitta-, Kapha-.

Terrenos:

Temperamentos: Colérico y Flemático.

Biotipos: Shaoyang-reflexivo y Taiyin-dependiente-tierra.

Componentes químicos: Xantofila, carotina, secretina, taninos, lectinas, glucoquinonas, mucílagos. Ácidos fórmico, tánico y gálico. Proteínas, hormonas, glucósidos, vitaminas B y C, betacarotenos. Trazas minerales de P, K, Cl, S, Na y Mg.

Categoría: Suave, toxicidad crónica mínima.

Funciones - Usos

1. **Restablece las deficiencias, nutre, recupera la sangre, retorna las menstruaciones, recupera el cabello y mejora la lactación.** Deficiencia de la sangre del hígado, deficiencia de la sangre y de los líquidos, anemia, deficiencia de la sangre del útero, amenorrea, enfermedades crónicas degenerativas de los tejidos conectivos, agalactia y

.

2. **Recupera los intestinos, el bazo, los pulmones. Tonifica los pulmones. Es antiestornutatoria y antialérgica.** Humedad-flema de los pulmones; bronquitis, asma, TBC, fiebre del heno. Degeneración crónica gástrica; úlceras.
3. **Es antibiótica, astringente, hemostática, detiene las secreciones, seca la humedad.** Humedad-calor de la vejiga, deficiencia del yang de los riñones, infecciones urinarias, orales, de garganta. Hemorragias, quemaduras, picaduras de insectos, heridas.
4. **Desintoxica, depura y tonifica el hígado, es dermatológica y disuelve las tumoraciones.** Toxemia y discrasia general de los líquidos, diátesis úrica. Estancamiento del qi de los riñones, del qi del hígado. Dermatitis, cáncer de piel y tumores del bazo.
5. **Es diurética, descongestionante, lenitiva, depurativa, ablanda y expulsa los cálculos.** Congestión de los líquidos del hígado y de los riñones. Ascitis, hemorroides, litiasis urinaria o hepática, cistitis.

   Precauciones: Ninguna.

   Presentación: Deshidratada, en cápsulas de 500 mg. Extracto alcohólico 1:3.

   Dosificación: Cápsulas: 3-6 por día. Extracto: 30 gotas 3 veces por día.

70 • PENSAMIENTO

Nombre común Pensamiento

Nombre farmacéutico *herba Violae*

Nombre botánico *Viola tricolor L.*

Parte usada Toda la planta

Naturaleza

Propiedades:

Primarias: **Sabor:** Picante, dulce y salado.
Temperatura: Neutral.
Humedad: Húmeda.

Secundarias: Estimula, descongestiona y disuelve.

Afinidades:

Órganos y sistemas: Pulmones, piel, articulaciones, nervios, líquidos orgánicos.
Organismos: Líquidos.
Canales: R, V.
Doshas: Vata+, Pitta-, Kapha-.

Terrenos:

Temperamentos: Todos.
Biotipos: Todos.

Componentes químicos: Alcaloides, saponinas, flavonoides, taninos, salicilato, ácido salicílico. Calcio y sales de Mg, mucílagos y aceite esencial.

Categoría: Suave, toxicidad crónica mínima.

Funciones - Usos

1. **Promueve la eliminación, desintoxica, estimula la circulación, desinflama, ablanda los depósitos, beneficia la piel, es analgésico.** Toxemia y discrasia general de los líquidos, dolores reumáticos, prurito general, dermatosis, soriasis, escrófula, arterioesclerosis y acné.
2. **Limpia los riñones, regula la diuresis.** Deficiencia genitourinaria del qi.
3. **Activa la inmunidad, controla la infección, promueve la cicatrización, descongestiona la linfa.** Herpes, eccema infantil, congestión linfática.
4. **Restablece y relaja los nervios, hace circular el qi.** Afloja la constricción del qi del corazón. Agotamiento, espasmos y temblores.

Precauciones: Ninguna.

Presentación: Infusión y deshidratado para preparaciones de aplicación externa. Extracto alcohólico 1:4 para uso externo e interno.

Dosificación: Una taza de infusión 2 veces por día durante 8 días. Extracto: 10-12 gotas 3 veces por día o aplicación externa 3-4 veces por día.

71 • PEREJIL

Nombre común	Perejil
Nombre farmacéutico	*fructus Petroselini*
Nombre botánico	*Petroselinum crispum L.*
Parte usada	Las semillas

Naturaleza

Propiedades:

Primarias: **Sabor:** Amargo y picante.
Temperatura: Neutral.
Humedad: Seca.

Secundarias: Estimula, relaja y descongestiona.

Afinidades:

Órganos y sistemas: Riñones, vejiga, hígado, intestinos y útero.
Organismos: Aire y Líquidos.
Canales: V, R, H.
Doshas: Vata-, Pitta+, Kapha-.

Terrenos:

Temperamentos: Sanguíneo y Colérico.
Biotipos: Jueyin-expresivo y Shaoyang-reflexivo.

Componentes químicos: Apiol alcanforáceo, apiína, miristicina, trazas de alcaloides, inositol, bergaptenos, terpenos, azufre, vitaminas C y K y betacarotenos.

Categoría: Suave, toxicidad crónica mínima.

Funciones - Usos

1. **Hace circular el qi, relaja los nervios, elimina la constricción, es antiespasmódico, mejora la irritación.** Constricción del qi de la vejiga, de los intestinos y del útero, migraña, hipertensión.
2. **Elimina el estancamiento, filtra el agua, promueve la micción y las menstruaciones, alivia la próstata.** Estancamiento del qi del hígado, acumulación de los líquidos de los riñones, prostatismo.
3. **Controla la infección, resuelve las heridas y las contusiones, es antiparasitario.** Combate los piojos.

Precauciones: Ninguna.
Presentación: Extracto alcohólico 1:3. La hierba seca en infusión.
Dosificación: Extracto: 20 gotas 3 veces por día. Hierba seca: aplicación local 2 veces por día.

72 • PIE DE LEÓN

Nombre común	Pie de león
Nombre farmacéutico	*herba Alchemilla*
Nombre botánico	*Alchemilla vulgaris L.*
Parte usada	Toda la planta

Naturaleza

Propiedades:

Primarias: **Sabor:** Astringente y amargo.
Temperatura: Fría.
Humedad: Seca.

Secundarias: Restablece, calma, astringe, descongestiona. Movimiento estabilizante.

Afinidades:

Órganos y sistemas: Hígado, vesícula biliar, sangre, intestinos, urogenitales.
Organismos: Temperatura.
Canales: H, Vb, Chong y Ren.
Doshas: Vata=, Pitta-, Kapha-.

Terrenos:

Temperamentos: Todos.
Biotipos: Todos.

Componentes químicos: Ácido salicílico, lecitina, taninos, fitosterina, saponinas, ácido linólico, glicósidos tánicos, principios amargos.

Categoría: Suave, toxicidad crónica mínima.

Funciones - Usos

1. **Astringe, descongestiona, tonifica la sangre, controla las secreciones, es hemostático, modera las menstruaciones, regenera los tejidos.** Calor de la sangre, congestión de la sangre del útero; menorragia, secreciones genitourinarias, hemorragia del posparto, inflamación de los senos, síndrome menopáusico.
2. **Desinflama, desintoxica, elimina el calor, serena el espíritu, calma el hígado.** Enfermedad inflamatoria pélvica crónica, humedad-calor genitourinarios, humedad-calor de la vejiga; cistitis, uretritis. Inflamación de la garganta, de los ojos, de las encías; fuego-toxinas de la piel. Humedad-calor de los intestinos, enteritis, fuego del hígado.
3. **Combate la obesidad, drena la plétora, es diurético.** Estancamiento del qi de los riñones.
4. **Restablece el bazo y los intestinos.** Espasmos intestinales.
5. **Ayuda al trabajo de parto, induce las contracciones, estimula la producción de progesterona.** Deficiencia de progesterona.

Precauciones: Contraindicada en los dos primeros trimestres del embarazo.
Presentación: Extracto alcohólico 1:3.
Dosificación: 20-30 gotas 3 veces por día.

73 • PIMIENTA NEGRA

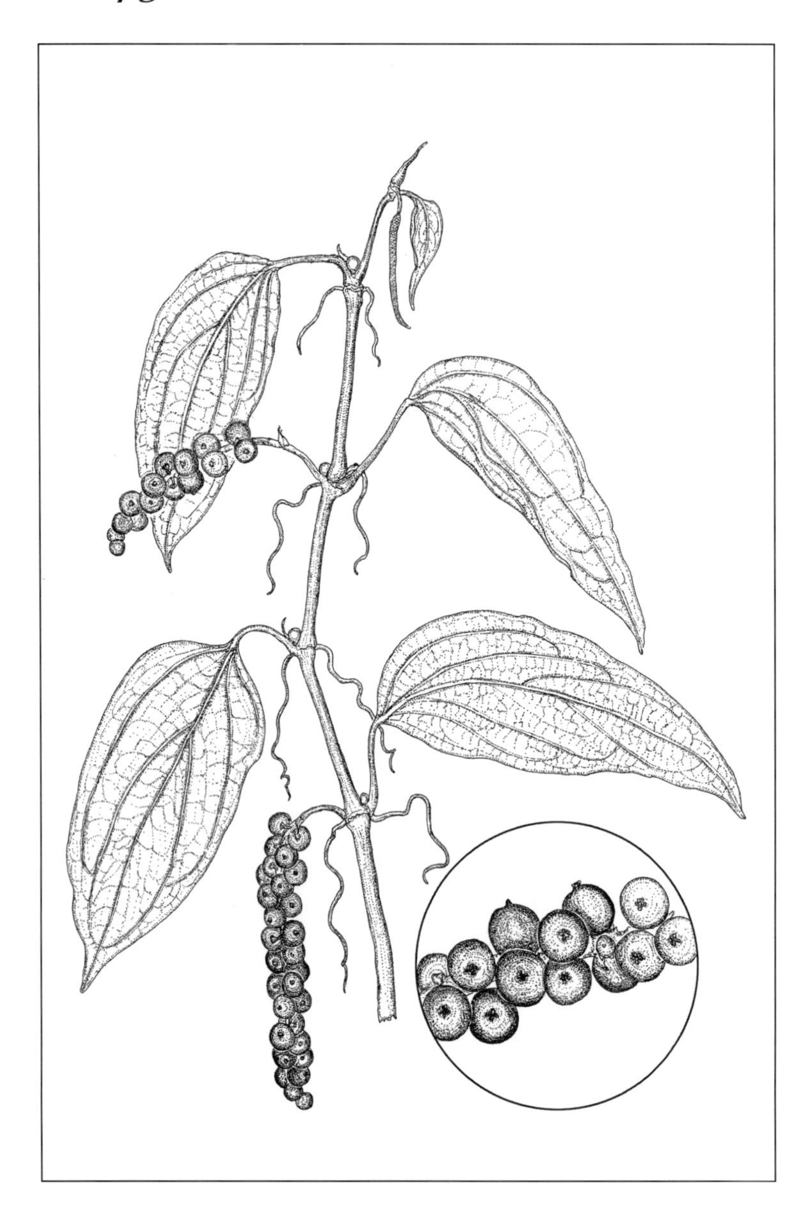

Nombre común	Pimienta negra
Nombre farmacéutico	*fructus Piperis*
Nombre botánico	*Piper nigrum L.*
Parte usada	Los frutos

Naturaleza

Propiedades:

Primarias: **Sabor:** Picante.
Temperatura: Caliente.
Humedad: Seca.

Secundarias: Estimula, restablece, astringe.

Afinidades:

Órganos y sistemas: Sistema nervioso, corazón, estómago, riñones.
Organismos: Temperatura y Líquidos.
Canales: B, R, C.
Doshas: Vata-, Pitta+, Kapha-.

Terrenos:

Temperamentos: Melancólico y Flemático.
Biotipos: Taiyin-dependiente-tierra y Shaoyin-agobiado.

Componentes químicos: Piperina, piperetina, pinenos, canfenos, alcoholes, ésteres, éteres, almidones, resinas y cetonas.

Categoría: Suave, toxicidad crónica mínima.

Funciones - Usos

1. **Recupera los nervios, tonifica el cerebro, mejora la visión.** Deficiencia nerviosa, disminución de la visión.
2. **Tonifica el yang, calienta, dispersa el frío, vigoriza el estómago, los intestinos y los urogenitales, es aperitiva, antiflatulenta, elimina el moco.** Deficiencia del yang del bazo, humedad del bazo, frío de los órganos genitourinarios. Deficiencia del yang de los riñones, hundimiento del qi central.
3. **Es diurética, descongestionante, depurativa, tonifica la circulación, el corazón y los riñones.** Congestión de los líquidos del corazón, congestión de los líquidos de los riñones.
4. **Es sudorífica, anodina, dispersa el viento-frío, libera el exterior, mejora la tos y despeja la cabeza.** Viento-frío externos, viento-frío de la cabeza. Obstrucción por viento-humedad.
5. **Es antiinfecciosa, dermatológica. Desintoxica, alivia las picaduras ponzoñosas.**

Precauciones: Contraindicada en inflamaciones agudas.

Presentación: Aceite esencial. Extracto alcohólico 1:3.

Dosificación: Aceite: 3-4 gotas 3 veces por día o aplicación local. Extracto: 10 gotas 3 veces por día y para uso local.

74 • PINO

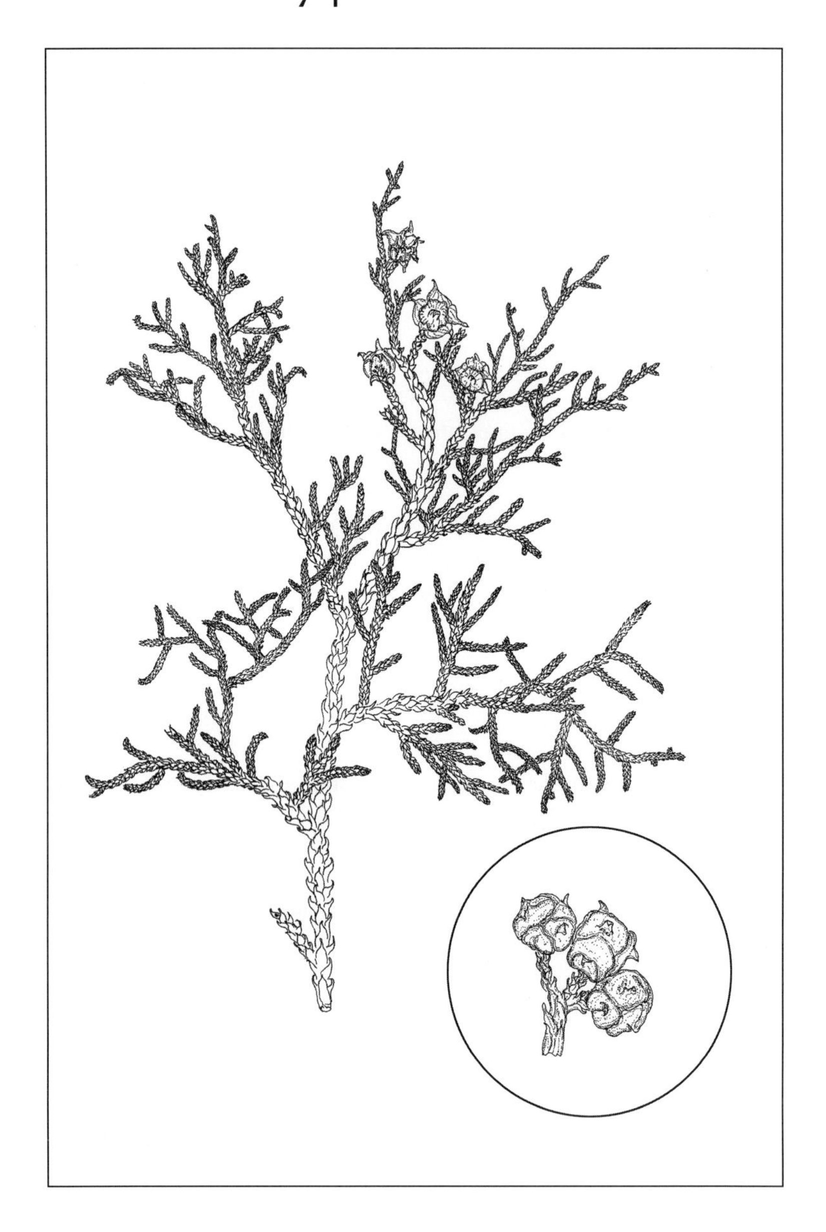

Nombre común	Pino
Nombre farmacéutico	*fructus et folium Cupressi*
Nombre botánico	*Cupressus sempervirens L.*
Parte usada	Los frutos y las hojas

Naturaleza

Propiedades:

Primarias: **Sabor:** Amargo, dulce y ácido.
Temperatura: Fresca.
Humedad: Seca.

Secundarias: Disuelve, relaja, descongestiona, astringe. Movimiento estabilizante.

Afinidades:

Órganos y sistemas: Urogenitales, vejiga, riñones, pulmones, estómago y sangre venosa.
Organismos: Líquidos y Temperatura.
Canales: V, P, Chong y Ren.
Doshas: Vata-, Pitta+, Kapha-.

Terrenos:

Temperamentos: Flemático, Sanguíneo y Melancólico.
Biotipos: Jueyin-expresivo, Taiyin-dependiente-tierra y Shaoyin-agobiado.

Componentes químicos: Alcanfores, d-pinenos, d-silvestrenos, cimenos, cetonas, alcoholes terpénicos, sabinol, aceites esenciales, ácido valeriánico, bioflavonas.

Categoría: Suave, toxicidad crónica mínima.

Funciones - Usos

1. **Es astringente, dispersa el yin, descongestiona, restablece las venas, reaviva la sangre, modera las menstruaciones, es hemostático.** Exceso de yin y de frío. Estancamiento de la sangre venosa, várices, flebitis, hemorroides. Congestión de la sangre del útero; menorragia. Insuficiencia estrogénica, calor de la sangre, hemorroides internas. Diarrea, disentería, enuresis, sudoración excesiva de los pies.
2. **Elimina la estasis, desintoxica, descongestiona, desinflama, es diurético y disuelve las tumoraciones.** Estancamiento del qi de los riñones, reumatismo crónico, resfriados, enfermedad inflamatoria pélvica, quistes, fibromas y lesiones malignas.
3. **Induce la circulación del qi, elimina la constricción, relaja y restablece los nervios, es antiespasmódico, serena la mente, alivia la disnea y la tos, regula la diuresis y las menstruaciones.** Constricción del qi de los pulmones; asma espasmódica, tosferina, afonía. Constricción del qi del útero; síndrome de tensión premenstrual, dismenorrea. Constricción del qi de la vejiga. Irritabilidad en general.
4. **Serena el estómago y controla el vómito.** Reflujo del qi del estómago, vómito de cualquier etiología.

   Precauciones: Ninguna.

   Presentación: Aceite esencial. Extracto alcohólico 1:3.

   Dosificación: Aceite: 2-4 gotas 3 veces por día. Extracto: 15 gotas 3 veces por día.

75 • POLEN DE FLORES

Nombre común	Polen de flores
Nombre farmacéutico	*granum floris Pollinis*
Nombre botánico	*Pollen*
Parte usada	Los gránulos

Naturaleza

Propiedades:

Primarias: **Sabor:** Dulce, picante, salado, ácido, amargo.

Temperatura: Neutral.

Humedad: Neutral.

Secundarias: Nutre, restablece, espesa, disuelve, reblandece.

Afinidades:

Órganos y sistemas: Todos.

Organismos: Todos.

Canales: Todos.

Doshas: Vata=, Pitta+, Kapha+.

Terrenos:

Temperamentos: Todos.

Biotipos: Todos.

Componentes químicos: Dieciocho aminoácidos, incluyendo los ocho esenciales en estado libre como parte de un 40% de proteínas. 40% de sacáridos, 5% de minerales. Trazas minerales de: K, Ca, Na, P, S, Ti, Fe, Mn, Mg, I, Cu, Si, Bo, Cl, Zn y Mo, que constituyen el 3%. Enzimas y coenzimas: diastasas, amilasas, 21 transferasas, 33 hidrolasas, 11 liasas, 24 oxirreductasas, cinco isomerasas, tripsina y pepsina. Dieciséis vitaminas: B6, B1, B2, tiamina, riboflavina, biotina, niacina, inositol, ácido pantoténico, ácido fólico, C, D, E, K, y rutina, carotenos, betacarotenos. Ácidos nucleicos (ADN-ARN), terpenos, flavonoides, lecitinas, xantinas, pentosano, licopina, hormonas, esteroides (estrógenos y andrógenos).

Categoría: Suave, toxicidad crónica mínima.

Funciones - Usos

1. **Promueve la longevidad, retarda el envejecimiento, activa la inmunidad y combate la debilidad constitucional, incrementa el qi original.** Estimula la regeneración celular. Senilidad, envejecimiento prematuro.
2. **Nutre y recupera las deficiencias, restablece la sangre, incrementa las esencias y el qi. Fortifica, aumenta el deseo sexual y promueve el crecimiento y desarrollo.** Anemia, deficiencia de las esencias de los riñones, anorexia sexual, impotencia, infertilidad. Deficiencia general del qi y de la sangre.
3. **Fortalece el cerebro y el sistema nervioso, normaliza la circulación general, tonifica el corazón, calma el espíritu, mejora la memoria e induce el descanso.** Deficiencia del qi del corazón; trastornos de la tensión arterial, pérdida de la memoria, depresión crónica, insomnio y desasosiego por deficiencia del yin y de la sangre del corazón. Deficiencia nerviosa.
4. **Fortifica los órganos de la reproducción, normaliza la diuresis, es lenitivo.** Deficiencia del qi genitourinario. Hipertrofia prostática.
5. **Recupera el bazo, los intestinos y el hígado, regula el metabolismo, aumenta la asimilación de los nutrientes, impide la putrefacción, regula el tránsito intestinal.** Humedad-frío de los intestinos, estancamiento del qi de los intestinos; síndrome de mala absorción, fermentación del contenido intestinal, estreñimiento, irregularidad de los movimientos intestinales. Deficiencia del qi del ; gastroenteritis.
6. **Desintoxica, depura, es diurético, expulsa los depósitos, quela los tóxicos pesados y adelgaza eliminando la acumulación de grasas y de líquidos.** Estancamiento del qi de los riñones, intoxicación por metales pesados, plétora general, diatesis úrica.
7. **Es inmunorregulador e inmunoestimulante, desinflamante y cicatrizante.** Combate las infecciones bacterianas de los urogenitales (cistitis, prostatitis), digestivas (enteritis), respiratorias superiores (laringitis), fuego-toxinas de la piel (acné, forunculosis).
8. **Mejora la voz, beneficia la garganta.** Disneas de toda etiología. Inflamación de la garganta, afonía.
9. **Promueve los estrógenos.** Deficiencia de la sangre del útero.

Precauciones: Ninguna; sólo exija buena calidad.

Presentación: Gránulos secos.

Dosificación: 3 veces al día, tome 1 ó 2 cucharadas disueltas directamente en la boca y con el estómago vacío.

76 • POLEO CHINO

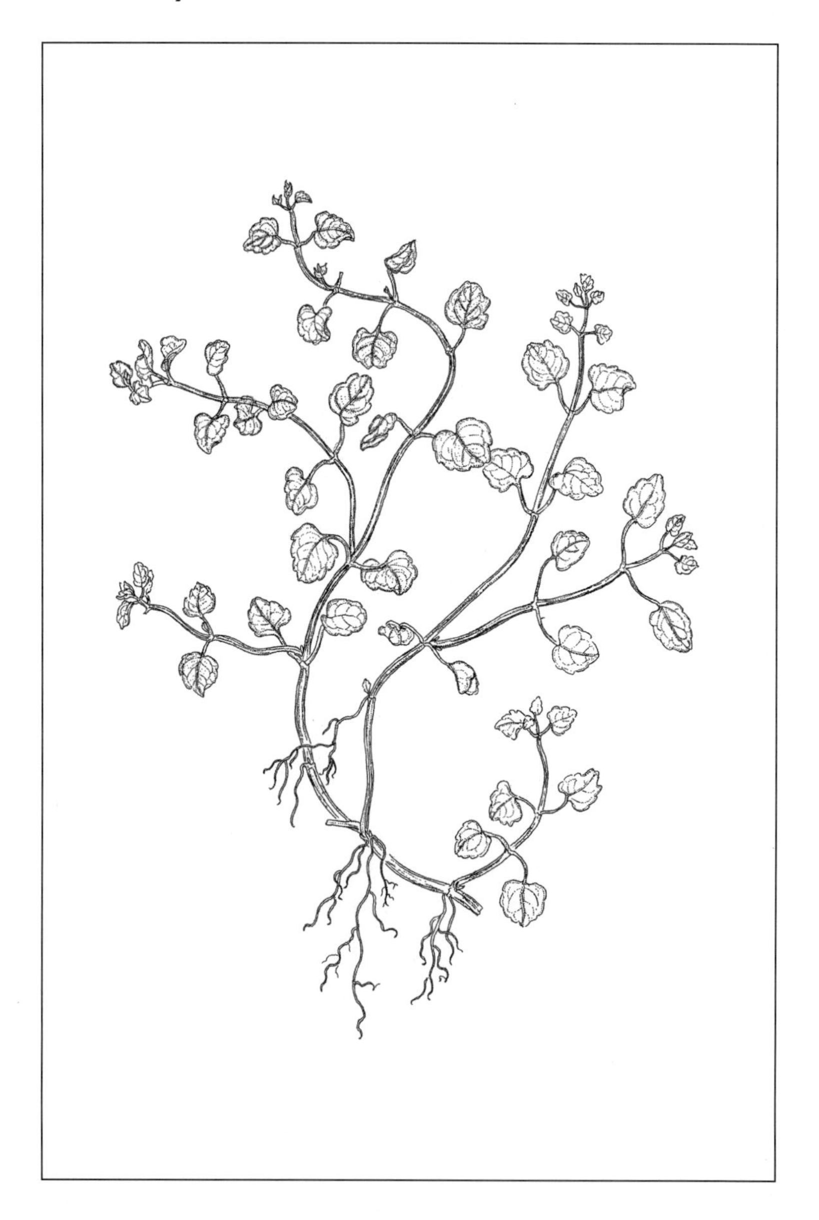

Nombre común	Poleo chino
Nombre farmacéutico	*herba Mentha pulegii*
Nombre botánico	*Mentha pulegium L.*
Parte usada	Toda la planta

Naturaleza

Propiedades:

Primarias: **Sabor:** Picante y amargo.
Temperatura: Neutral.
Humedad: Seca.

Secundarias: Restablece, relaja, estimula, astringe. Movimiento descendente.

Afinidades:

Órganos y sistemas: SNC, corazón, estómago, pulmones, intestinos, hígado, vesícula biliar, útero.

Organismos: Aire y Temperatura.

Canales: P, B, H.

Doshas: Vata+, Pitta+, Kapha=.

Terrenos:

Temperamentos: Flemático y Sanguíneo.

Biotipos: Taiyin-dependiente-tierra y Jueyin-expresivo.

Componentes químicos: Pulegona, piperitona, isopulegona, mentol, pinenos, limonenos, cipentanos, taninos, diosmina, hesperidina.

Categoría: Suave, toxicidad crónica mínima.

Funciones – Usos

1. **Dispersa el viento-frío, es sudorífico, seca la humedad, despeja la cabeza y libera el exterior.** Viento-frío de los pulmones, viento-externo-frío/calor. Frío-humedad en la cabeza.
2. **Es antibiótico y antihelmíntico, tonifica y calienta los pulmones, expulsa las flemas. Calienta y estimula el útero, los intestinos, promueve las menstruaciones.** Frío-flema de los pulmones, bronquitis crónica. Humedad del bazo; cólera, enteritis, úlcera gastroduodenal. Humedad-frío del útero, constricción del qi del útero; dismenorrea, síndrome de tensión premenstrual, fiebre puerperal, retención de la placenta.
3. **Tonifica y depura el hígado y la vesícula biliar, produce bilis, elimina los gases, calma el estómago, relaja los nervios y serena el viento.** Estancamiento del qi del hígado; hepatitis crónica. Ascenso del yang del hígado; temblores, jaquecas, cólicos biliares. Reflujo del qi del estómago; náusea y vómitos. Constricción del qi de los intestinos; colitis nerviosa.
4. **Restablece el cerebro, tonifica los nervios.** Vértigo, deficiencia nerviosa.
5. **Es antiinflamatorio, analgésico y dermatológico.** Dolores reumáticos, acné.
6. **Suspende la lactación.** Descongestiona los senos con acumulación de leche.

Precauciones: Contraindicado en el embarazo.

Presentación: Extracto alcohólico 1:4.

Dosificación: 20-30 gotas 3 veces por día.

77 • RÁBANO BLANCO

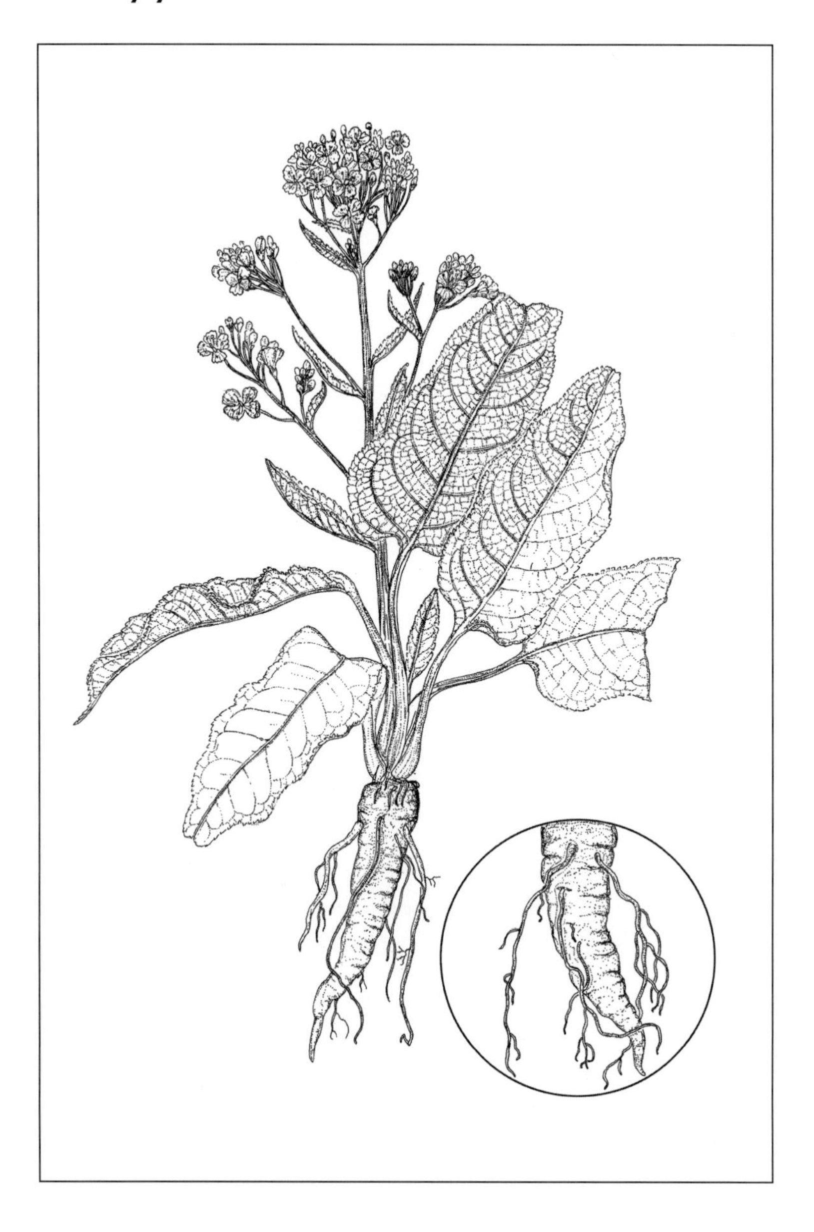

Nombre común	Rábano blanco
Nombre farmacéutico	*radix Cochlearia*
Nombre botánico	*Cochlearia armoracia L.*
Parte usada	La raíz

Naturaleza

Propiedades:

Primarias: **Sabor:** Picante.
Temperatura: Caliente.
Humedad: Seca.

Secundarias: Estimula, disuelve, descongestiona. Movimiento dispersante.

Afinidades:

Órganos y sistemas: Circulación, corazón, riñones, estómago, intestinos, linfa, tiroides y páncreas.

Organismos: Temperatura y Líquidos.

Canales: P, B, R.

Doshas: Vata-, Pitta+, Kapha-.

Terrenos:

Temperamentos: Flemático y Melancólico.

Biotipos: Taiyin-dependiente-tierra, Yangming-autoestima-metal, Taiyin-sensitivo-tierra y Shaoyin-agobiado.

Componentes químicos: Sinigrina, mirosina, acetatos de calcio, alilo y potasa. Arginina, asparagina, peroxidasa, S, Mg, vitamina C, glicósido de azufre, resinas amargas, almidones y albúminas.

Categoría: Medianamente fuerte, con alguna toxicidad crónica.

Funciones – Usos

1. **Tonifica el yang, dispersa el frío, genera calor. Tonifica la linfa y la circulación. Es analgésico.** Deficiencia de la sangre; anemia. Deficiencia del yang, deficiencia del qi y de la sangre arterial. Exceso del yin, cianosis y extremidades frías. Obstrucción por viento-humedad; artritis dolorosa, parálisis, congestión linfática.
2. **Tonifica y calienta los pulmones, los intestinos y el bazo. Seca la humedad-moco, elimina la flema y alivia la disnea.** Frío-flema de los pulmones, deficiencia del yang del bazo, humedad del bazo; indigestión.
3. **Es diurético, descongestionante y depurativo. Tonifica los riñones y el útero, induce las menstruaciones y ayuda en la expulsión de los restos del alumbramiento.** Congestión de líquidos de los riñones, estancamiento del qi de los riñones; anuria, litiasis urinaria, frío-humedad genitourinarios, frío del útero, placenta retenida. Congestión de los líquidos del corazón; edema cardiaco.
4. **Es cicatrizante, antiinfeccioso, desinflamante, dermatológico, antídoto, antihelmíntico.** Infecciones crónicas intestinales, renales, urinarias y respiratorias. Influenza, heridas rebeldes, manchas de la piel, contusiones.
5. **Recupera el páncreas, controla el tiroides.** Bocio tóxico, hipertiroidismo, hipo e hiperglicemia crónicas.

   Precauciones: No lo emplee localmente sobre heridas recientes. Las dosis elevadas pueden irritar los riñones y lesionar la mucosa gástrica por su naturaleza estimulante y caliente.

   Presentación: Extracto alcohólico 1:3. Como ingrediente de preparaciones para uso externo.

   Dosificación: 12-15 gotas 3 veces por día.

78 • ROBLE

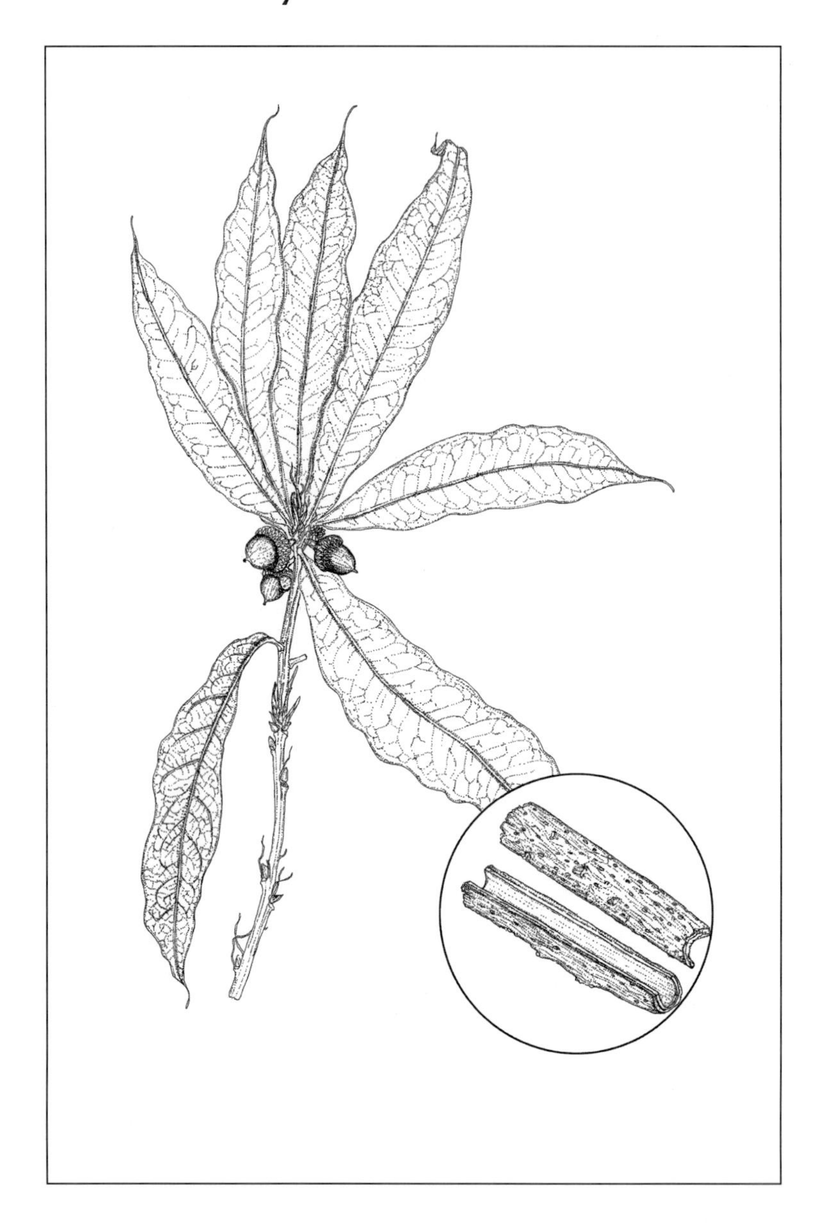

Nombre común	Roble
Nombre farmacéutico	*cortex Querci*
Nombre botánico	*Quercus humboldtiana*
Parte usada	La corteza

Naturaleza

Propiedades:

Primarias: **Sabor:** Astringente.
Temperatura: Fresca.
Humedad: Seca.

Secundarias: Solidifica, astringe, resuelve. Movimiento estabilizante.

Afinidades:

Órganos y sistemas: Estómago, intestinos, hígado, riñones y urogenitales.
Organismos: Líquidos.
Canales: Id, Ig.
Doshas: Vata+, Pitta-, Kapha-.

Terrenos:

Temperamentos: Todos.
Biotipos: Todos.

Componentes químicos: Taninos, amargos, quercitina, quercitrinas, amirina, friedelina, nonacosanos y hexacosanos.

Categoría: Suave, toxicidad crónica mínima.

Funciones – Usos

1. **Es astringente y hemostático, seca la humedad, controla las descargas de los fluidos corporales, combate la humedad-calor del aparato digestivo.** Todos los tipos de enteritis, cólera. Humedad-frío genitourinarios; cistitis mucosa, hemorragias digestivas pasivas, hemorroides, menstruaciones abundantes.
2. **Es analgésico, antiácido, controla las secreciones.** Úlcera gástrica, úlceras orales rebeldes, laceraciones intestinales y vesicales, lactación excesiva, sudoración nocturna extenuante por deficiencia del yin. Lesiones dermatológicas húmedas, inflamación de los ojos.

Precauciones: Ninguna.
Presentación: Extracto alcohólico 1:3.
Dosificación: 15-25 gotas 3 veces por día.

79 • ROMERO

Nombre común	Romero
Nombre farmacéutico	*folium Rosmarinii*
Nombre botánico	*Rosmarinus officinalis L.*
Parte usada	Las hojas

Naturaleza

Propiedades:

Primarias: **Sabor:** Amargo y picante.
Temperatura: Caliente.
Humedad: Seca.

Secundarias: Restablece, astringe, disuelve y estimula.

Afinidades:

Órganos y sistemas: Corazón, cerebro, sistema nervioso, pulmones, intestinos, urogenitales y útero.

Organismos: Aire y Temperatura.

Canales: C, B, P, H, Chong y Ren.

Doshas: Vata+, Pitta+, Kapha-.

Terrenos:

Temperamentos: Flemático y Melancólico.

Biotipos: Taiyin-dependiente-tierra, Yangming-autoestima-metal, Shaoyin-agobiado y Taiyin-sensitivo-metal.

Componentes químicos: Pineno, alcanfor, borneol, cineol, alcoholes triterpénicos, taninos, amargos, Ca, P, Mg, K, saponinas, ácido nicotínico, ácidos orgánicos.

Categoría: Suave, toxicidad crónica mínima.

Funciones – Usos

1. **Genera calor, dispersa el frío, incrementa y tonifica el yang, estimula el corazón y la circulación.** Depresión, conformidad, deficiencia del yang. Deficiencia de la sangre arterial; anemia, hipotensión.
2. **Es sudorífico, analgésico, dispersa el viento-frío, libera el exterior.** Obstrucción por viento-humedad/frío; reumatismo articular agudo. Viento-frío externo.
3. **Recupera las deficiencias y aumenta el qi del corazón. Restablece los pulmones, el bazo, el cerebro, los nervios y las glándulas suprarrenales. Levanta el ánimo y fortalece.** Deficiencia del qi del corazón y de los pulmones; sudoraciones profusas espontáneas, sensación de opresión en el pecho y ahogo. Deficiencia de la sangre del corazón y del bazo. Deficiencia suprarrenal, deficiencia de los nervios, mareos, pérdida de la memoria, depresión, aislamiento. Agotamiento por trabajo excesivo.
4. **Tonifica y calienta los pulmones, los intestinos y los urogenitales, elimina la flema, seca la humedad-moco, despeja la cabeza.** Deficiencia del yang de los pulmones y de los riñones; asma crónica, tosferina. Frío-flema de los pulmones, humedad-frío de la cabeza, humedad-frío de los intestinos; colitis, enteritis crónica. Deficiencia del yang de los riñones, frío-humedad del útero.
5. **Es diurético, colagogo, desestanca y aclara la visión.** Estancamiento del qi y frío del hígado, ictericia, colecistitis. Toxemia general y estancamiento del qi de los riñones, migrañas, hipercolesterolemia.
6. **Es cicatrizante, inmunoestimulante y antiinfeccioso.** Preventivo en las epidemias, heridas que no cicatrizan, escabiosis, piojos, alopecia.

Precauciones: Ninguna.

Presentación: Aceite esencial y extracto alcohólico 1:3.

Dosificación: Aceite esencial: 3 gotas 3 veces por día. Extracto: 20 gotas 3 veces por día.

80 • ROSA

Nombre común	Rosa
Nombre farmacéutico	*flos Rosae*
Nombre botánico	*Rosa centifolia L.*
Parte usada	Las flores

Naturaleza

Propiedades:

Primarias: **Sabor:** Astringente y dulce.
Temperatura: Fresca.
Humedad: Neutral.

Secundarias: Astringe, restablece, descongestiona, calma. Movimiento estabilizante.

Afinidades:

Órganos y sistemas: Corazón, estómago, intestinos, hígado, órganos reproductivos y sangre.
Organismos: Aire y Líquidos.
Canales: C, Pr, H, E, Chong y Ren.
Doshas: Vata=, Pitta=, Kapha=.

Terrenos:

Temperamentos: Colérico y Sanguíneo.
Biotipos: Taiyang-industrioso y Jueyin-expresivo.

Componentes químicos: Geraniol, citronelol, acetatos, taninos, quercitina, cianirina, alcoholes feniletílicos, resinas, serol y ácidos orgánicos.

Categoría: Suave, toxicidad crónica mínima.

Funciones – Usos

1. **Elimina el calor, estabiliza el corazón, calma el hígado, mejora la irritabilidad.** Fuego del hígado, del corazón y del estómago.
2. **Descongestiona, astringe, es hemostática, detiene las secreciones, modera las menstruaciones, seca la humedad-moco.** Calor de la sangre, estancamiento del qi del útero, hemorragias intermenstruales, hemorragias internas, flujos.
3. **Remueve el estancamiento, rompe la obstrucción, tonifica y drena el hígado y la vesícula biliar, promueve la bilis, combate la depresión.** Humedad-calor del hígado y de la vesícula biliar, colecistitis, estancamiento del qi del hígado, depresión crónica endógena.
4. **Recupera y tonifica los órganos reproductivos, aumenta el apetito sexual.** Impotencia, esterilidad. Estancamiento del qi del útero, promueve las menstruaciones.
5. **Es antibiótica, desinfectante, regeneradora tisular, dermatológica.** Fuego-toxinas de la piel, inflamación de los ojos y ORL. Humedad-calor de los intestinos, enteritis, mastitis dolorosa, resequedad de la piel

   Precauciones: Contraindicada en el embarazo.
   Presentación: Extracto alcohólico 1:3.
   Dosificación: 30 gotas 3 veces por día.

81 • RUDA

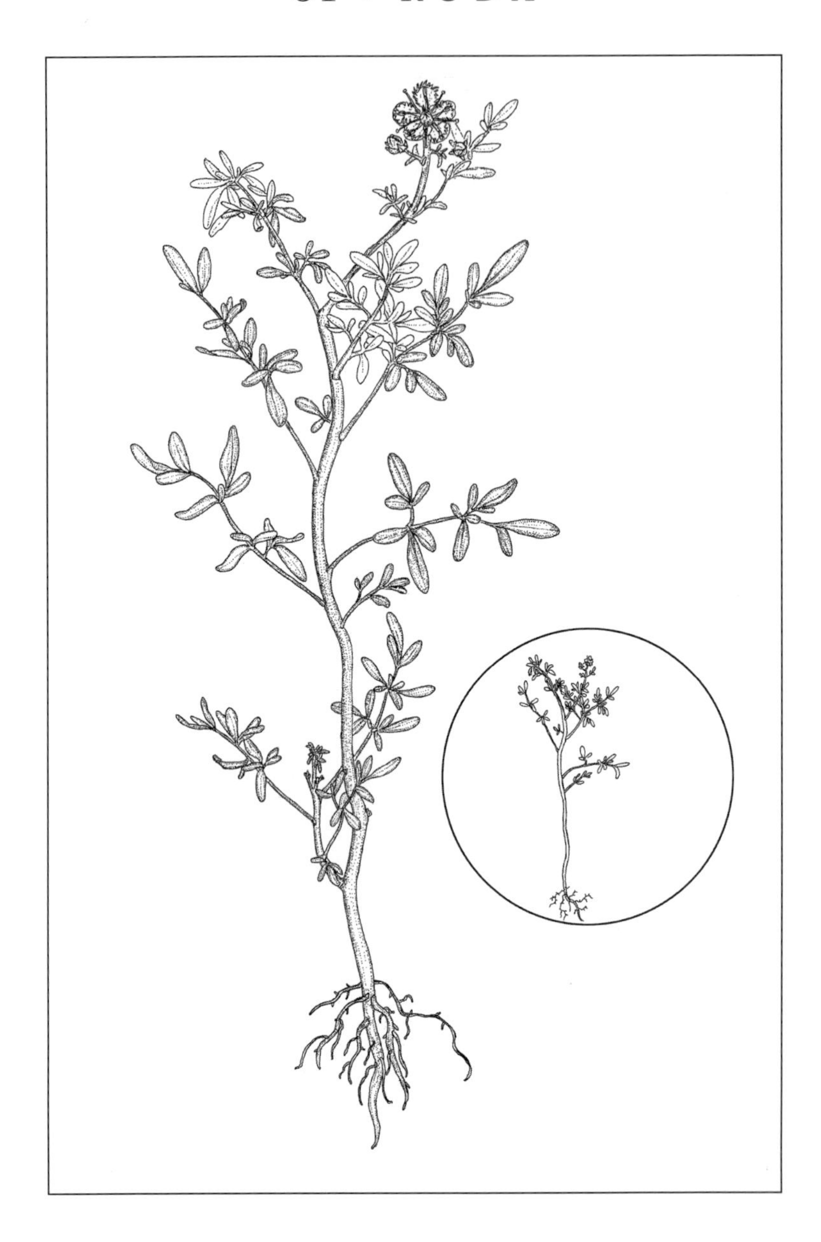

Nombre común	Ruda
Nombre farmacéutico	*herba Rutae*
Nombre botánico	*Ruta graveolens L.*
Parte usada	La planta entera

Naturaleza

Propiedades:

Primarias: **Sabor:** Picante y amargo.
Temperatura: Caliente.
Humedad: Seca.

Secundarias: Relaja, estimula, descongestiona.

Afinidades:

Órganos y sistemas: Útero, hígado, riñones, pulmones, estómago, intestinos.
Organismos: Aire y Temperatura.
Canales: P, Id, H, Chong y Ren.
Doshas: Vata-, Pitta+, Kapha-.

Terrenos:

Temperamentos: Flemático.
Biotipos: Yangming-autoestima-metal.

Componentes químicos: Rutina, cumarinas, cetonas, alcaloides, flavonoides, sesquiterpenos y alcoholes.

Categoría: Medianamente fuerte, con alguna toxicidad crónica.

Funciones – Usos

1. **Tonifica y calienta el útero, elimina los estancamientos, induce las menstruaciones.** Estancamiento del qi y frío del útero, estancamiento del qi del hígado, amenorrea, dismenorrea espasmódica.
2. **Es diurética, depura los riñones y el hígado, induce el movimiento intestinal, mejora la visión.** Estancamiento del qi de los riñones, del hígado, disminución de la visión.
3. **Tonifica y fortalece los pulmones, el estómago y los intestinos, expulsa las flemas viscosas, es antihelmíntica.** Flema-humedad de los pulmones, estancamiento del qi del estómago, humedad del bazo.
4. **Elimina la constricción, hace circular el qi, es antiespasmódica, serena los nervios, calma el viento, es analgésica.** Constricción del qi intestinal, del qi del útero, del qi de los pulmones. Viento interno, viento de los riñones, epilepsia, dolor de tipo neurálgico.
5. **Es antiinfecciosa, antídoto de los venenos, dermatológica, incrementa las defensas del organismo, es profiláctica en las epidemias.** Forunculosis, abscesos, inflamación glandular, várices, picaduras de insectos. Lesiones eruptivas descamativas.

   Precauciones: Contraindicada en el embarazo.
   Presentación: Extracto alcohólico 1:3.
   Dosificación: 25 gotas 3 veces por día.

82 • RUIBARBO

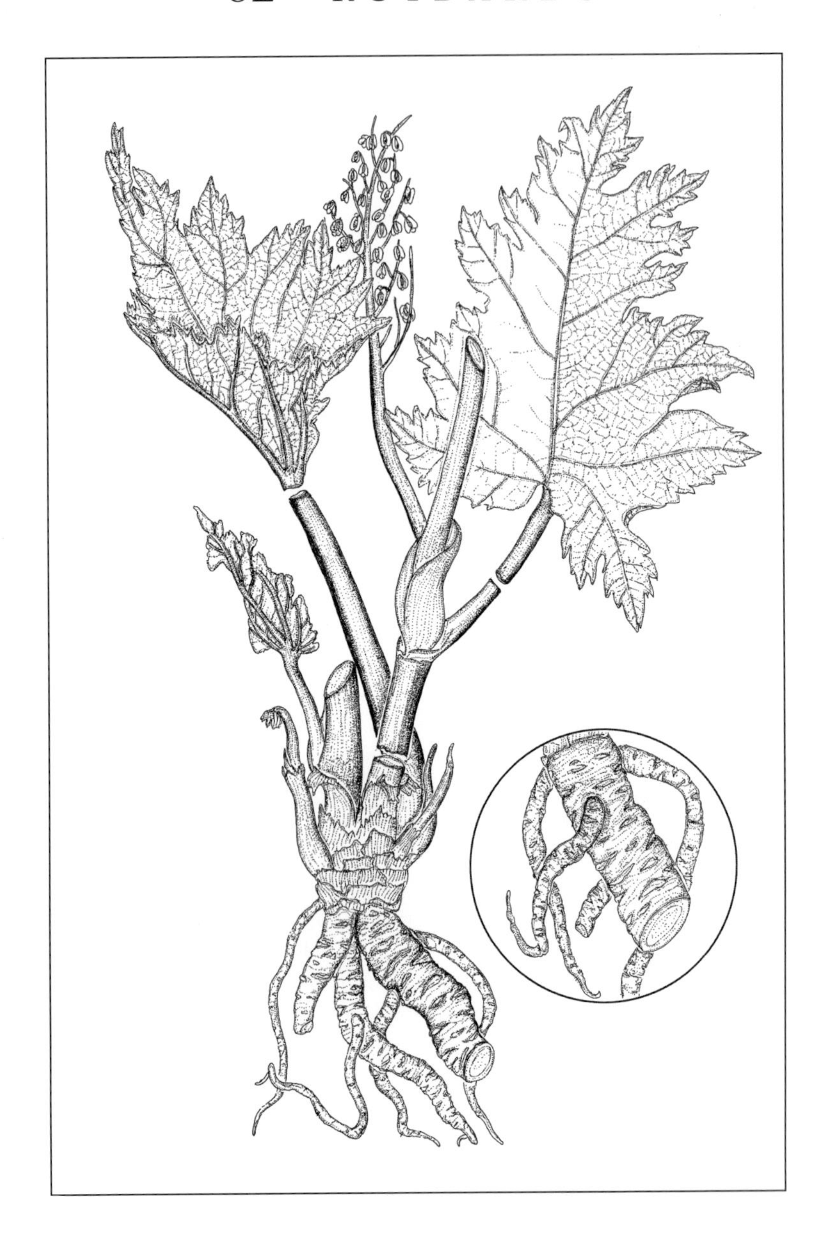

Nombre común	Ruibarbo
Nombre farmacéutico	*rhizoma Rhei*
Nombre botánico	*Rheum palmatum L.*
Parte usada	El rizoma

Naturaleza

Propiedades:

Primarias: **Sabor:** Amargo y astringente.
Temperatura: Fría.
Humedad: Seca.

Secundarias: Restablece, estimula y astringe. Movimiento descendente.

Afinidades:

Órganos y sistemas: Hígado, intestinos, estómago.
Organismos: Aire y Temperatura.
Canales: E, B, H, Ig.
Doshas: Vata+, Pitta-, Kapha-.

Terrenos:

Temperamentos: Colérico.
Biotipos: Taiyang-industrioso y Shaoyang-reflexivo.

Componentes químicos: Taninos, ácidos oxálico, gálico y cinámico. Antraquinonas, Fe, Mg y vitamina B.

Categoría: Suave, toxicidad crónica mínima.

Funciones – Usos

1. **Induce el movimiento intestinal, desestanca, elimina la humedad-calor, depura el hígado, estimula el colon y combate la distensión.** Sequedad-calor de los intestinos. Humedad-calor del hígado y de la vesícula biliar. Fuego del hígado. Fuego del estómago.
2. **Restablece el hígado y el estómago, elimina la estasis, abre el apetito. Tonifica el hígado y la vesícula biliar, es colagogo.** Estancamiento del qi del hígado, ictericia, litiasis biliar, hemorroides. Estancamiento del qi del estómago.
3. **Seca la humedad, astringe, elimina las descargas.** Enteritis mucosa. Irritación gastrointestinal.
4. **Descongela la sangre de los hematomas y alivia las contusiones.**

Precauciones: Ninguna.
Presentación: Extracto fuerte 1:3; suave: 1:6
Dosificación: Fuerte: 20 gotas 2 veces por día. Suave: 20 gotas 3 veces por día.

83 • SÁBILA

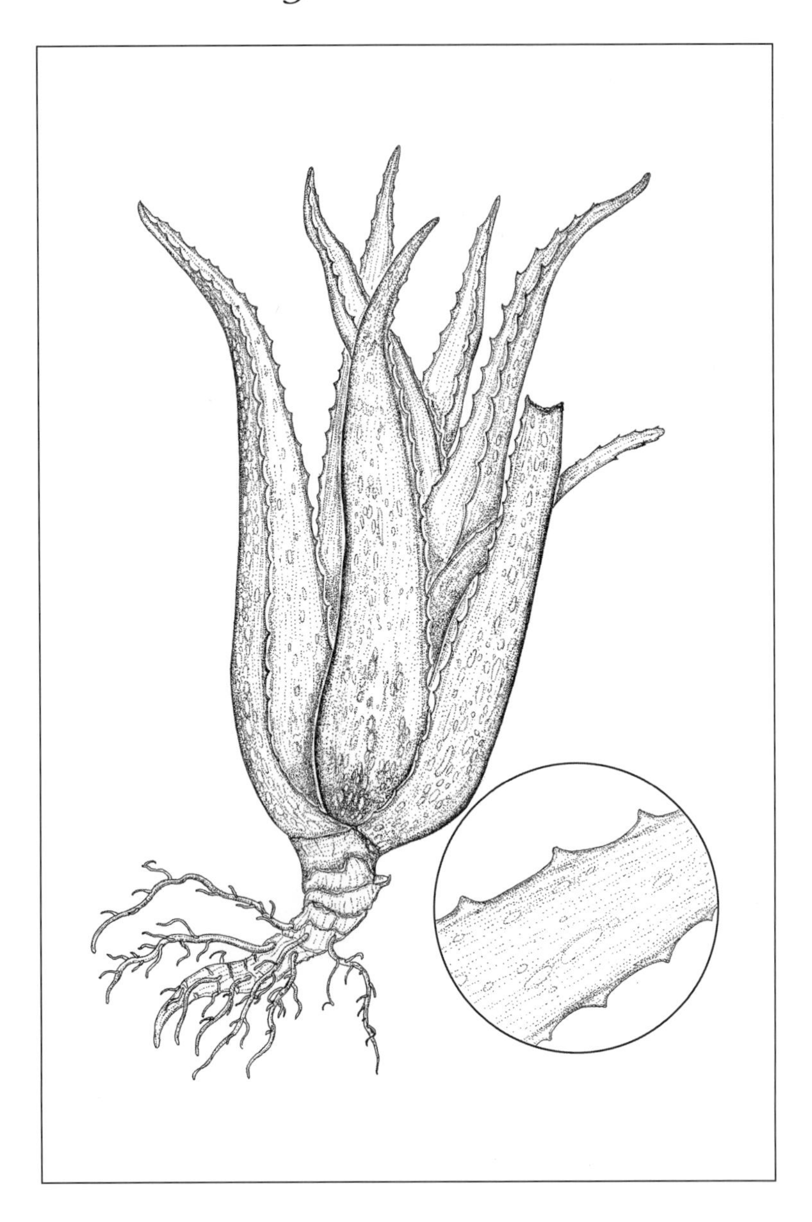

Nombre común	Sábila
Nombre farmacéutico	*folium Aloidis*
Nombre botánico	*Aloe vulgaris seu ferox*
Parte usada	Las hojas

Naturaleza

Propiedades:

Primarias: **Sabor:** Amargo.
Temperatura: Cálida.
Humedad: Húmeda.

Secundarias: Tonifica. Movimiento descendente.

Afinidades:

Órganos y sistemas: Hígado, estómago, útero, intestinos.
Organismos: Temperatura.
Canales: H, Id.
Doshas: Vata=, Pitta-, Kapha=.

Terrenos:

Temperamentos: Todos.
Biotipos: Todos.

Componentes químicos: Cristales de glicósidos: aloína, áloe-emodina, capaloína, aloína amorfa. Azúcares: fructosa, glucosa, arabinosa y manosa. Asparagina, serina, salina, ácido glutámico, lactato de magnesio, pradiciminasa, Mg, Ca, K y aloctina.

Categoría: Suave, toxicidad crónica mínima.

Funciones – Usos

1. **Remueve el estancamiento, induce los movimientos intestinales, elimina el calor, estimula el útero, provoca la menstruación, tonifica el intestino grueso, abate la distensión.** Estancamiento del qi del útero. Estancamiento-calor que detiene la menstruación. Estancamiento del qi intestinal; constipación crónica obstinada. Fuego del hígado; cara roja.
2. **Tonifica el estómago y el hígado, es aperitiva.** Estancamiento del qi del hígado y del estómago.

Precauciones: Contraindicada en estados de irritación y congestión de los órganos pélvicos.
Presentación: Extracto alcohólico 1:3.
Dosificación: 25-30 gotas 3 veces por día.

84 • SALVIA

Nombre común	Salvia
Nombre farmacéutico	*folium Salviae*
Nombre botánico	*Salvia officinalis L.*
Parte usada	Las hojas

Naturaleza

Propiedades:

Primarias: **Sabor:** Picante, amargo y astringente.
Temperatura: Fresca.
Humedad: Seca.

Secundarias: Solidifica, restablece, relaja, astringe. Movimiento estabilizante.

Afinidades:

Órganos y sistemas: Sistema nervioso, cerebro, glándula pineal, estómago, intestinos, pulmones y líquidos corporales.

Organismos: Aire y Líquidos.

Canales: B, P, Chong y Ren.

Doshas: Vata=, Pitta=, Kapha-.

Terrenos:

Temperamentos: Flemático y Melancólico.

Biotipos: Taiyin-dependiente-tierra y Yangming-autoconfianza-metal.

Componentes químicos: Flavonoides, taninos, saponinas, tujonas, cineol, salviol, salveno, borneoles, oxalato de calcio, sales de ácido fosfórico y principios estrogénicos.

Categoría: Moderadamente fuerte, con alguna toxicidad crónica.

Funciones – Usos

1. **Aumenta el qi, genera fortaleza, incrementa las defensas, restablece el sistema nervioso, la glándula pineal, el estómago, los pulmones, los intestinos. Recupera las deficiencias.** Deficiencia del qi en general, del qi del bazo. Agotamiento nervioso con amnesia, coma. Insuficiencia de la pituitaria, debilidad constitucional crónica, TBC, sudoración profusa, raquitismo, fiebres vesperales.
2. **Controla las secreciones, astringe, despeja el moco, seca la humedad.** Deficiencia del yang del bazo, humedad del bazo, enteritis crónica, colitis mucosa, humedad-frío en los intestinos, heces mucosas y fatiga. Borborigmos, humedad-frío del sistema genitourinario. Flujo vaginal, cistitis, disuria. Transpiración excesiva (manos y axilas).
3. **Tonifica los pulmones. Elimina la flema. Controla la tos.** Flema-humedad de los pulmones: asma bronquial, disnea, bronquitis crónica, estornudadera.
4. **Promueve la circulación del qi e impide su constricción. Relaja los nervios, calma el viento.** Viento interno de los riñones. Constricción del qi de los intestinos, de los riñones y del útero.
5. **Recupera el útero, regulariza la menstruación, normaliza los estrógenos, controla la menopausia y es profiláctica en el trabajo de parto.** Deficiencia de sangre del útero. Insuficiencia estrogénica, amenorrea, infertilidad, síndrome menopáusico.
6. **Activa las defensas orgánicas, es antiinfecciosa, cicatrizante de la piel y mucosas.** Acné, ulceraciones orales, eccemas.

   Precauciones: Contraindicada durante los dos primeros trimestres del embarazo, úsese sólo durante el tercer trimestre. Para la sudoración, sólo cuando exista deficiencia.

   Presentación: Extracto alcohólico 1:3. Loción para uso tópico.

   Dosificación: Extracto: 20 gotas 3 veces por día.

85 • SAUCE

Nombre común	Sauce
Nombre farmacéutico	*cortex Salicis*
Nombre botánico	*Salix humboldtiana*
Parte usada	La corteza

Naturaleza

Propiedades:

Primarias: **Sabor:** Amargo y astringente.
Temperatura: Fresca.
Humedad: Seca.

Secundarias: Calmante, astringente. Movimiento estabilizante.

Afinidades:

Órganos y sistemas: Urogenitales, hígado, estómago.
Organismos: Temperatura.
Canales: V, R, C.
Doshas: Vata=, Pitta-, Kapha-.

Terrenos:

Temperamentos: Todos.
Biotipos: Todos.

Componentes químicos: Salicina, glicósidos fenólicos, salicortin, fragilina, vimalina, resinas, flavonoides, ácidos orgánicos, aldehídos aromáticos, enzimas y taninos.

Categoría: Suave, toxicidad crónica mínima.

Funciones – Usos

1. **Elimina el calor, desinflama, es antiséptico, astringente, hemostático y anodino.** Humedad-calor de la vejiga, irritación urinaria, inflamación de las articulaciones, de la garganta y de los ojos. Infecciones de las mucosas, heridas y ulceraciones, cefaleas, epistaxis, hemorragias pasivas.
2. **Es febrífugo, atrae el yin, apacigua la hiperexcitación sexual e induce el descanso.** Deficiencia del yin del corazón y de los riñones, eretismo sexual, espermatorrea, fiebres shaoyin.
3. **Restablece el hígado y el estómago.** Deficiencia del qi del hígado y del estómago.

Precauciones: Durante el embarazo puede producir hemorragia interna.
Presentación: Extracto alcohólico 1:3.
Dosificación: 20 gotas 3 veces por día.

86 • SAÚCO

Nombre común	Saúco
Nombre farmacéutico	*flos Sambuci*
Nombre botánico	*Sambucus nigra L.*
Parte usada	Las flores

Naturaleza

Propiedades:

Primarias: **Sabor:** Picante, dulce y amargo.
Temperatura: Neutral.
Humedad: Seca.

Secundarias: Estimula, disuelve, descongestiona, reblandece. Movimiento dispersante.

Afinidades:

Órganos y sistemas: Pulmones, riñones, vejiga y piel.
Organismos: Temperatura y Líquidos.
Canales: P, V.
Doshas: Vata+, Pitta=, Kapha-.

Terrenos:

Temperamentos: Flemático.
Biotipos: Yangming-autoestima-metal.

Componentes químicos: El aceite esencial presenta terpenos. Taninos, mucílagos. Flavonoides: rutina y quercitina. Glicósidos como la sambunigrina e isómeros de la prunasina, sambucina y resinas. Nitrato de K.

Categoría: Suave, toxicidad crónica mínima.

Funciones – Usos

1. **Es sudorífico, febrífugo, dispersa el viento-calor-frío, resuelve las eruptivas, libera el exterior, elimina el moco, seca la humedad, despeja la cabeza, seda.** Viento-calor externos: comienzo de los resfriados con dolores generalizados, desasosiego, dolor de garganta y escalofríos. Viento-calor de los pulmones con rinorrea verdosa, fiebre, inflamación, dolor de garganta y escalofríos. Viento-frío de los pulmones con obstrucción nasal, rinorrea acuosa, congestión en el pecho, sibilancias y estertores, tos, laringitis, amigdalitis. Obstrucción por viento-humedad con dolor articular y/o muscular agudo. Eruptivas: sarampión, paperas, varicela. Fiebre reumática, fiebre del heno.
2. **Tonifica y restablece los pulmones, los descongestiona y expulsa la flema.** Flema-humedad-calor de los pulmones, con tos intensa productiva, flema blanca o amarilla. Bronquitis agudas o crónicas, asma, neumonía o TBC.
3. **Es diurético, drena los riñones y ablanda los depósitos, expulsa los cálculos.** Estancamiento del qi de los riñones con cefalea, piel seca, distensión abdominal, constipación. Congestión de los líquidos en el hígado con edema, fatiga o náusea. Edema cardiaco o renal. Inflamación linfática, arterioesclerosis.
4. **Elimina el calor, desinflama, desintoxica, ablanda los diviesos, alivia la piel.** Calor-humedad de riñones y vejiga, infección urinaria. Fuego-toxinas en la piel: forunculosis, erupciones, abscesos y úlceras en cabeza, cara, ORL y oculares. Fiebre shaoyin. Meningitis.
5. **Promueve la lactación.**

Precauciones: Ninguna.
Presentación: Extracto alcohólico 1:4.
Dosificación: 25 gotas 3 veces por día.

87 • SEJE

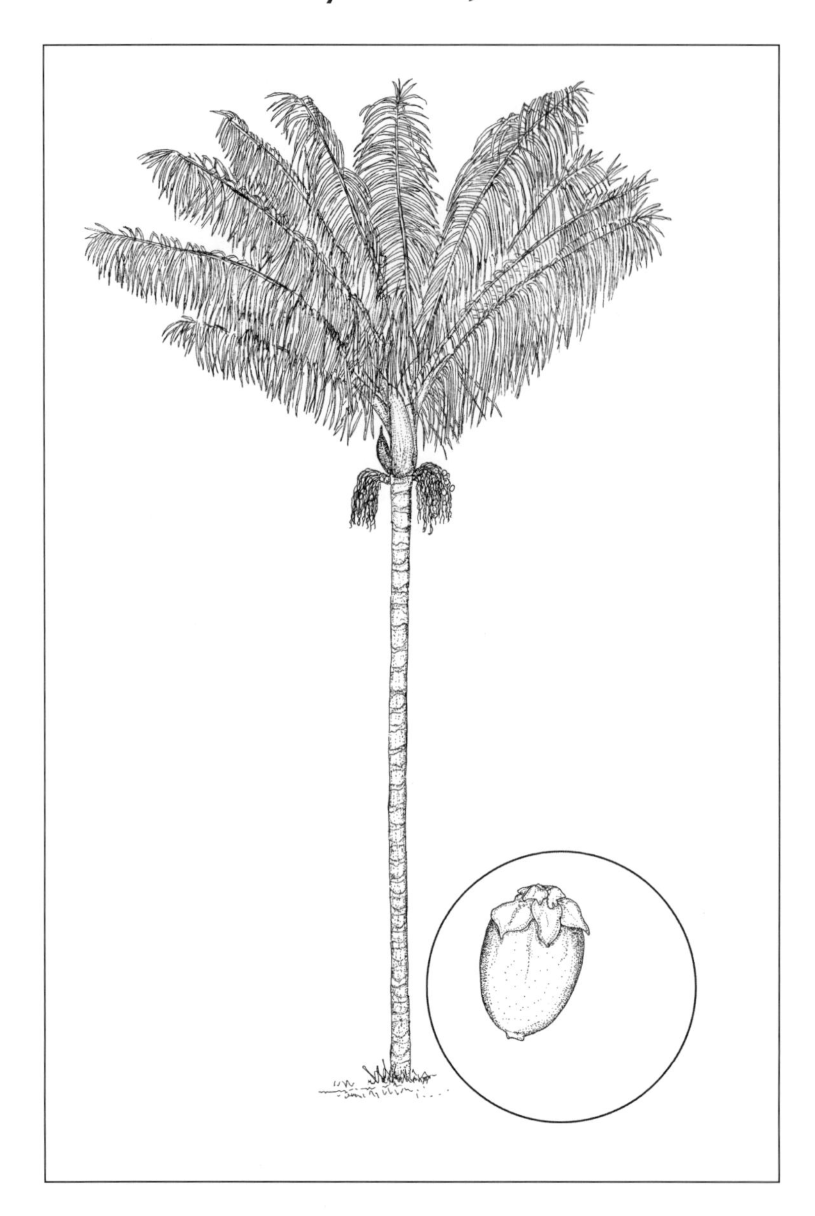

Nombre común	Seje
Nombre farmacéutico	*olei fructus Jessenia*
Nombre botánico	*Jessenia batava ssp. macrocarpa*
Parte usada	Pericarpio

Naturaleza

Propiedades:

Primarias: **Sabor:** Picante, dulce y ácido.
Temperatura: Caliente.
Humedad: Húmeda.

Secundarias: Descongestiona, restablece, estimula, nutre.

Afinidades:

Órganos y sistemas: Pulmones, intestinos y piel.
Organismos: Aire y Temperatura.
Canales: P, Ig.
Doshas: Vata-, Pitta+, Kapha+.

Terrenos:

Temperamentos: Todos.
Biotipos: Todos.

Componentes químicos: Ácidos palmítico, palmitoleico, oleico, linoleico, linolánico. Betasistosterol, estigmasterol, carotenoides, vitamina A. Aminoácidos: isoleusina, leucina, lisina, metionina, cistina, fenilalanina, tirosina, valina y triptófano.

Categoría: Suave, toxicidad crónica mínima.

Funciones – Usos

1. **Desinflama, provee humedad, elimina toxinas, alivia la tos, incrementa el yin, elimina el calor, dispersa el viento.** Viento-calor de los pulmones, sequedad-flema de los pulmones, TBC, deficiencia del yin de los pulmones.
2. **Tonifica los pulmones, expulsa las flemas viscosas, relaja los bronquios, mejora la respiración.** Constricción del qi de los pulmones, asma bronquial, bronquitis crónica, enfisema.
3. **Incrementa las defensas, desinflama, promueve los movimientos intestinales, tonifica el colon, elimina el calor.** Sequedad-calor en los intestinos, inflamación intestinal, estreñimiento. Diarrea del inmunosuprimido.
4. **Nutre y beneficia la piel, tonifica el cabello, es antiinfeccioso.** Seborrea, alopecia, infecciones micóticas del cabello; previene las estrías del embarazo. Dermatosis.

Precauciones: Ninguna.

Presentación: Aceite puro.

Dosificación: Tome 1/2 cucharada 3 veces por día. Aplique localmente sobre el cuero cabelludo 3 veces por semana.

88 • SEN

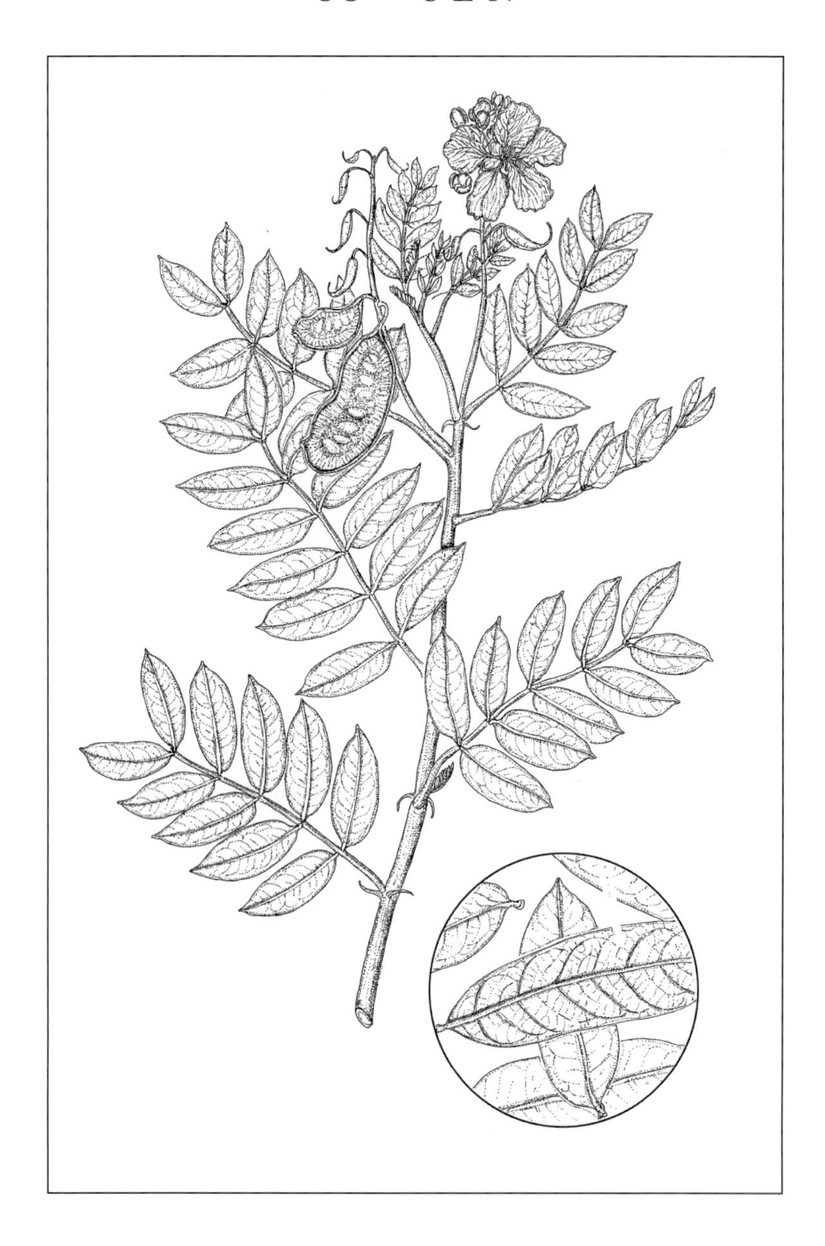

Nombre común	Sen
Nombre farmacéutico	*folium Sennae*
Nombre botánico	*Senna acutifolia L.*
Parte usada	Las hojas

Naturaleza

Propiedades:

Primarias: **Sabor:** Amargo.
Temperatura: Caliente.
Humedad: Seca.

Secundarias: Estimula. Movimiento descendente.

Afinidades:

Órganos y sistemas: Intestino delgado, intestino grueso y útero.
Organismos: Temperatura.
Canales: Id.
Doshas: Vata+, Pitta-, Kapha-.

Terrenos:

Temperamentos: Todos.
Biotipos: Todos.

Componentes químicos: Senósidos A y B, reína, áloe-emodina, crisofanol, manitol, mucílagos, ácido crisofánico y sales acéticas.

Categoría: Suave, toxicidad crónica mínima.

Funciones – Usos

- **Induce el movimiento de los intestinos, desestanca, elimina el calor, estimula el colon, abate la distensión, tonifica el útero e induce la menstruación.** Estreñimiento con exceso de calor, estancamiento del qi de los intestinos y del qi del útero.
  Precauciones: No se aconseja su uso prolongado. Evítese en personas débiles.
  Presentación: Extracto alcohólico 1:3.
  Dosificación: 30-40 gotas, dosis única por día.

89 • TAMARINDO

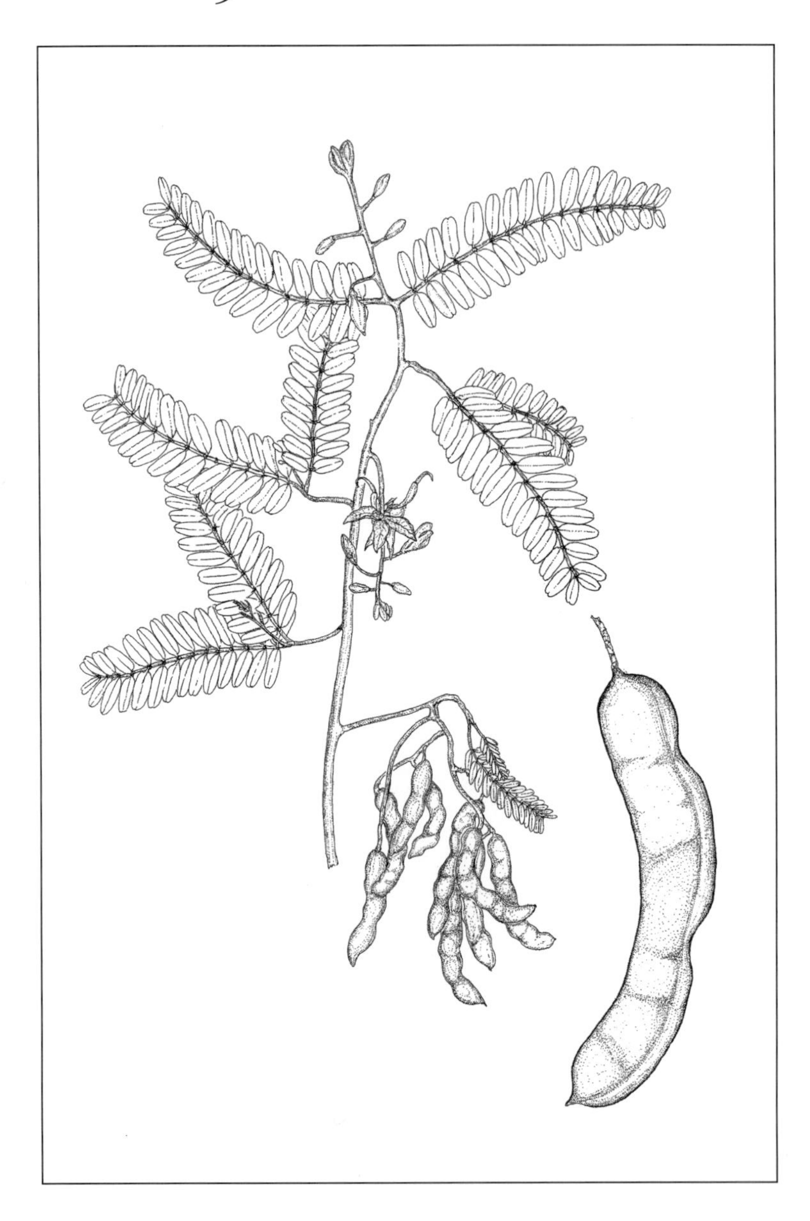

Nombre común	Tamarindo
Nombre farmacéutico	*fructus Tamarindii*
Nombre botánico	*Tamarindus indica L.*
Parte usada	Los frutos

Naturaleza

Propiedades:

Primarias: **Sabor:** Ácido y dulce.
Temperatura: Fresca.
Humedad: Húmeda.

Secundarias: Reblandece. Movimiento descendente.

Afinidades:

Órganos y sistemas: Intestinos, estómago y urogenitales.
Organismos: Líquidos y Temperatura.
Canales: Ig, Id.
Doshas: Vata-, Pitta+, Kapha-.

Terrenos:

Temperamentos: Todos.
Biotipos: Todos.

Componentes químicos: Azúcares, pectinas. Ácidos: málico, tartárico, acético y succínico.
Categoría: Suave, toxicidad crónica mínima.

Funciones – Usos

1. **Es febrífugo, antiinflamatorio, humectante intestinal, activa los movimientos intestinales, alivia la sed.** Calor-sequedad de los intestinos, constipación y sequedad, exceso de calor, inflamación visceral por humedad-calor.
2. **Controla las secreciones urogenitales. Combate las venéreas, la eyaculación precoz y la espermatorrea.**

Precauciones: Ninguna.
Presentación: Extracto alcohólico 1:3.
Dosificación: 30 gotas 3 veces por día.

90 • TANACETO

Nombre común	Tanaceto
Nombre farmacéutico	*flos et folium Tanaceti*
Nombre botánico	*Tanacetum vulgare L.*
Parte usada	La flor y las hojas

Naturaleza

Propiedades:

Primarias: **Sabor:** Amargo y picante.
Temperatura: Fresca.
Humedad: Seca.

Secundarias: Restablece, relaja y estimula.

Afinidades:

Órganos y sistemas: Hígado, estómago, intestinos, riñones, vejiga, nervios, piel.
Organismos: Aire y Líquidos.
Canales: H, B, R, V, Chong y Ren.
Doshas: Vata+, Pitta-, Kapha-.

Terrenos:

Temperamentos: Colérico y Sanguíneo.
Biotipos: Jueyin-expresivo-reflexivo-generoso.

Componentes químicos: Tanacetina, estearina, borneol, clorofila, óxidos de plomo, gomas, tujona, resinas amargas. Ácidos: tanacético, oxálico, málico y arabínico.

Categoría: Medianamente fuerte, con alguna toxicidad crónica.

Funciones – Usos

1. **Hace circular el qi, es antiespasmódico, elimina la constricción, calma los nervios.** Constricción del qi en estados de exceso. Disarmonía del hígado y del bazo. Constricción del qi del útero y del qi de la vejiga. Astenia nerviosa.
2. **Fortalece, recupera la deficiencia de bazo/estómago, es aperitivo, seca la humedad y resuelve el moco, es .** Deficiencia del qi del bazo, humedad-frío genitou-rinarios. Oxiuriasis.
3. **Tonifica el hígado, depura los riñones, tonifica el útero y regula las menstruaciones.** Congestión de los líquidos del hígado, estancamiento del qi del hígado y del qi de los riñones, dismenorrea, arenillas en las vías urinarias.
4. **Es sudorífico, febrífugo, dispersa el viento-calor, libera el exterior.** Fiebre remitentes de tipo shaoyang, viento-externo-calor.
5. **Es antiinflamatorio, cicatrizante, dermatológico.** Inflamaciones cutáneas y oculares, quemaduras y heridas, acné, manchas dérmicas.

   Precauciones: Sólo debe ser usado por 10 días con descanso de otros 10 para evitar los efectos indeseables de la tujona y de las sales de plomo que podría contener. Contraindicado durante el embarazo.

   Presentación: Extracto alcohólico 1:3.

   Dosificación: 20 gotas en una sola dosis diaria.

91 • TOMILLO

Nombre común	Tomillo
Nombre farmacéutico	*herba Thymi*
Nombre botánico	*Thymus vulgaris L.*
Parte usada	Toda la planta

Naturaleza

Propiedades:

Primarias: **Sabor:** Picante, amargo y astringente.
Temperatura: Cálida.
Humedad: Seca.

Secundarias: Restablece, astringe y estimula.

Afinidades:

Órganos y sistemas: Pulmones, estómago, intestinos, nervios, útero, suprarrenales.
Organismos: Aire y Temperatura.
Canales: P, B.
Doshas: Vata-, Pitta+, Kapha=.

Terrenos:

Temperamentos: Melancólico y Flemático.
Biotipos: Taiyin-sensitivo-metal y Taiyin-dependiente-tierra.

Componentes químicos: Flavonoides, triterpenoides, saponinas, amargos, taninos. Aceite esencial: cimol, fenol, timol, borneol. Isómeros del carbacol, pinenos, linalol y resinas.

Categoría: Suave, toxicidad crónica mínima.

Funciones – Usos

1. **Incrementa el qi, restablece la deficiencia, incrementa la inmunidad, recupera los pulmones, los nervios y la glándula suprarrenal.** Deficiencia general del qi con palidez, debilidad y respiración corta. Deficiencia del qi de los pulmones con disnea, inmunodeficiencia. Deficiencia del qi del bazo con anorexia, distensión abdominal y heces blandas. Anemia, hipotensión, agotamiento nervioso, depresión. Deficiencia de las suprarrenales.
2. **Tonifica y calienta los pulmones, licúa y expulsa las flemas, mejora la tos, desinflama los bronquios y mejora la respiración.** Frío-flema en los pulmones, tos severa y flemas blancas. Deficiencia del yang de los pulmones y los riñones, con escalofríos, estridor y disnea. Bronquitis crónica, enfisema, TBC pulmonar. Sequedad-flema de los pulmones con tos seca espasmódica y disnea. Constricción del qi de los pulmones, tos severa espasmódica, pensamientos obsesivos, asma, tosferina.
3. **Es sudorífico, elimina el viento-frío, despeja y alivia el dolor de cabeza.** Viento-frío-externos con rigidez de nuca, dolor general y escalofríos, desaliento. Viento-frío en los pulmones y humedad-frío en la cabeza, rinorrea, congestión de los senos paranasales y dolor de garganta. Obstrucción por viento-humedad. Neuralgia aguda o reumatismo
4. **Calienta y tonifica el estómago, el bazo, los intestinos. Estimula y remueve el estancamiento del útero. Promueve la menstruación. Deficiencia del** yang del bazo y humedad-frío de los intestinos; heces acuosas y alimentos mal digeridos, dolor cólico y flatulencia. Humedad del bazo con náusea, digestión difícil y borborigmos. Enteritis, colitis mucosa por fermentación intestinal de los alimentos. Humedad-frío del útero con amenorrea, irregularidad menstrual, leucorrea y dolor abdominal. Anorexia sexual.
5. **Controla las infecciones activando la inmunidad, desintoxica, elimina parásitos, regenera tejidos, combate la leucopenia, resuelve los coágulos, es preventivo en las epidemias. Es cicatrizante.** Combate las infecciones virales, bacterianas y micóticas especialmente en los SPN, nariz, boca, garganta, pulmones, intestinos y en la piel. Dermatosis, escrófula, heridas rebeldes, picaduras de insectos y alopecia.

   Precauciones: Contraindicado en el embarazo y en pacientes con hipotiroidismo.
   Presentación: Extracto alcohólico 1:3. Deshidratado, en cápsulas.
   Dosificación: Extracto: 20 gotas 3 veces por día. Cápsulas: 1 de 500 mg 3 veces por día.

92 • TORONJIL

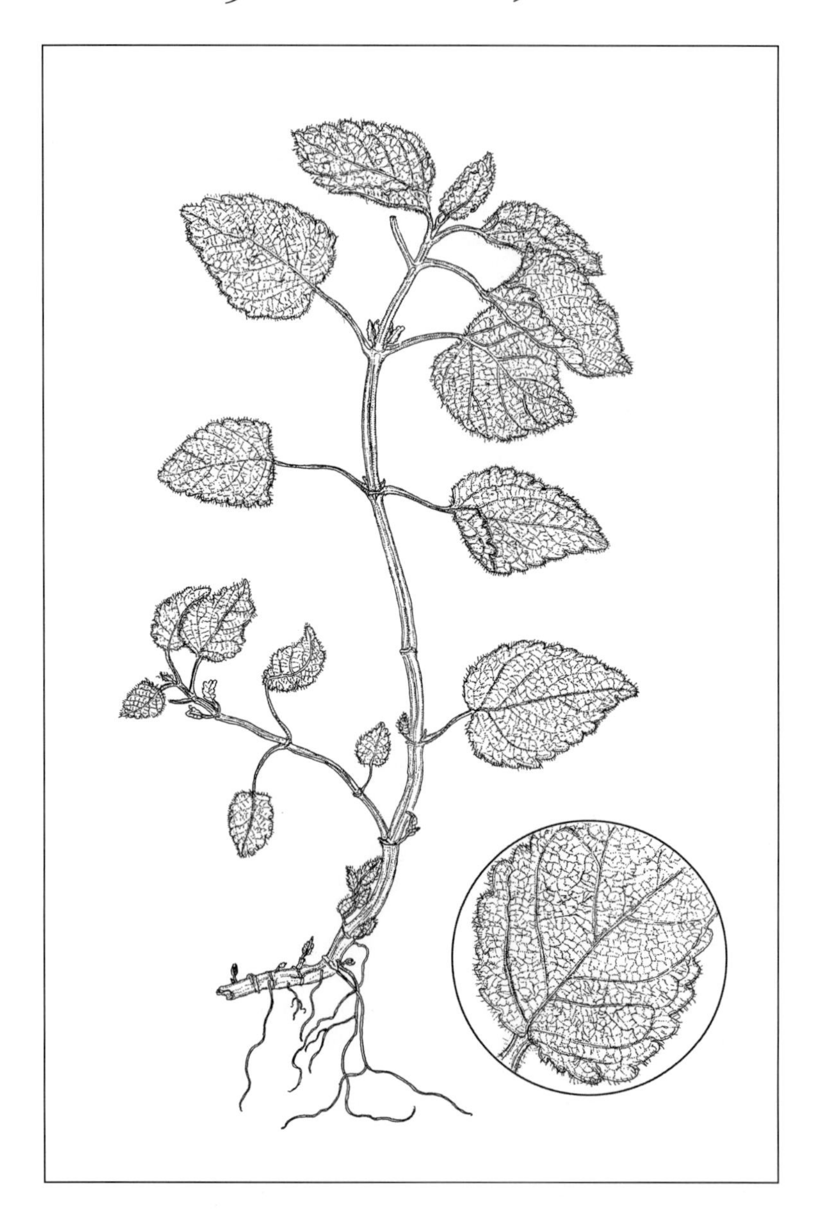

Nombre común	Toronjil
Nombre farmacéutico	*folium Melissae*
Nombre botánico	*Melissa officinalis L.*
Parte usada	Las hojas

Naturaleza

Propiedades:

Primarias: **Sabor:** Amargo, astringente y ácido.
Temperatura: Fresca.
Humedad: Seca.

Secundarias: Relaja, calma, estimula, restablece y astringe.

Afinidades:

Órganos y sistemas: Corazón, cerebro, estómago, útero, intestinos y nervios.
Organismos: Aire y Temperatura.
Canales: C, Pr, Sj, P, H, R, Chong y Ren.
Doshas: Vata-, Pitta-, Kapha=.

Terrenos:

Temperamentos: Colérico y Sanguíneo.
Biotipos: Taiyang-industrioso, Shaoyang-reflexivo, Yangming-encantador-tierra y Jueyin-expresivo.

Componentes químicos: Geraniol, linalol, aldehídos, citronelol, citral, saponinas, glicósidos, catequinas, taninos, cristales amargos, ácidos orgánicos y trazas minerales.

Categoría: Suave, toxicidad crónica mínima.

Funciones – Usos

1. **Elimina el calor, sustenta y equilibra el corazón, apacigua y limpia el hígado, serena el espíritu, induce el descanso.** Fuego del corazón. Ascenso del yang del hígado, hipertensión, migraña.
2. **Hace que circule el qi, relaja la constricción, calma los nervios, es antiespasmódico.** Constricción del qi del corazón, del qi de los pulmones con asma, constricción del qi del estómago, del qi de los riñones con viento interno. Constricción del qi del útero con dismenorrea y del qi de la vejiga con disuria.
3. **Es sudorífico, febrífugo, dispersa el viento-calor, libera el exterior y expulsa las flemas.** Viento externo-calor, flema-calor de los pulmones, bronquitis aguda o crónica.
4. **Restablece el corazón, el cerebro, los nervios, el útero y las esencias de los riñones, eleva el espíritu y combate la depresión. Armoniza el trabajo del parto y el alumbramiento.** Deficiencia del qi del corazón, deficiencia de la sangre del corazón y del qi del bazo. Deficiencia de las esencias de los riñones, infertilidad, profiláctico de las tres últimas semanas del embarazo. Melancolía y depresión, ya sea por deficiencia o por exceso.
5. **Es antihemorrágico, desinflamatorio en las contusiones. Antiinfeccioso, antihelmíntico.** Epistaxis, equimosis, picaduras de insectos, forunculosis de cabeza y cuello.
   Precauciones: Ninguna.
   Presentación: Extracto alcohólico 1:3. Aceite esencial.
   Dosificación: Extracto: 20 gotas 3 veces por día. Aceite: 3-4 gotas en agua 2-3 veces por día.

93 • TRÉBOL

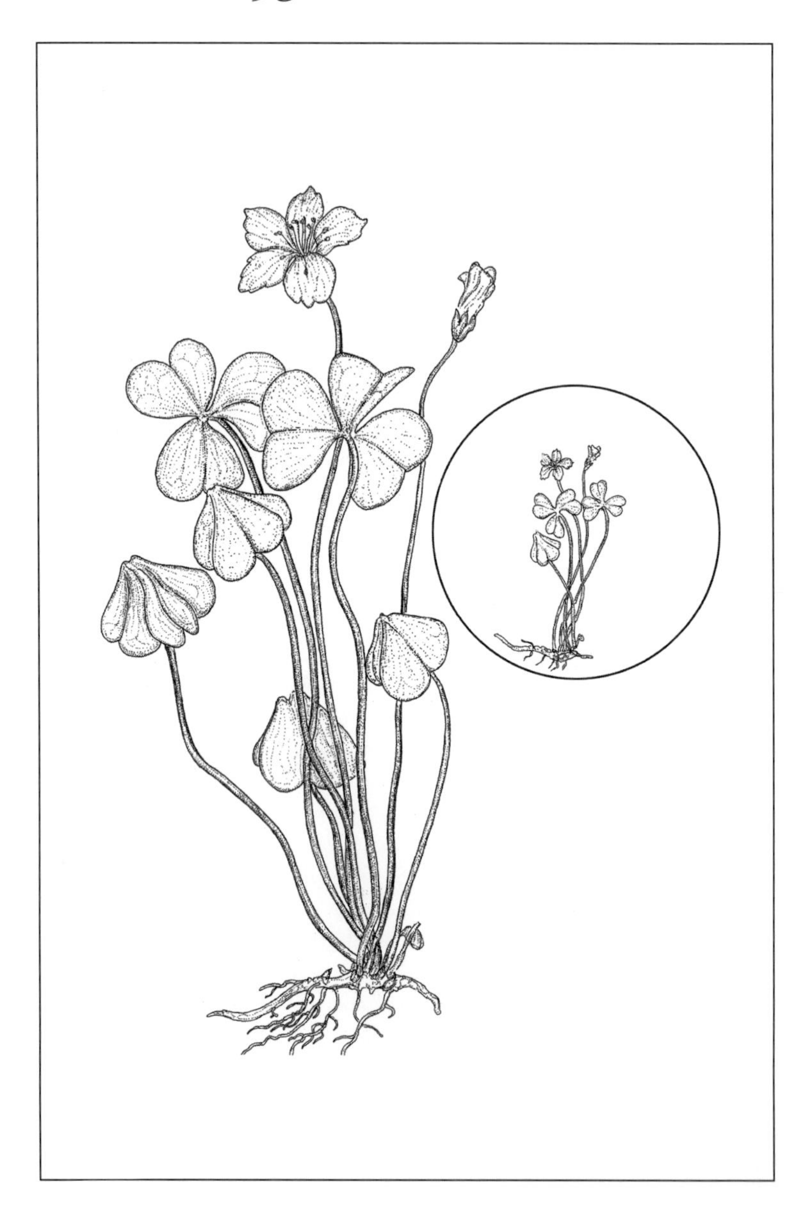

Nombre común	Trébol
Nombre farmacéutico	*herba Oxalis*
Nombre botánico	*Oxalis acetocella L.*
Parte usada	Toda la planta

Naturaleza

Propiedades:

Primarias: **Sabor:** Ácido y astringente.
Temperatura: Fría.
Humedad: Seca.

Secundarias: Restablece, astringe, calma, disuelve. Movimiento descendente.

Afinidades:

Órganos y sistemas: Estómago, hígado, vejiga, riñones, intestinos y sangre.
Organismos: Aire y Temperatura.
Canales: H, E, R, Id.
Doshas: Vata-, Pitta+, Kapha-.

Terrenos:

Temperamentos: Colérico.
Biotipos: Shaoyang-reflexivo y Taiyang-industrioso.

Componentes químicos: Ácido oxálico, oxalato de potasio, ácidos orgánicos y enzimas.
Categoría: Suave, toxicidad crónica mínima.

Funciones – Usos

1. **Es febrífugo, serena el hígado, astringe, controla la sed, descongestiona, es hemostático, controla las secreciones.** Fuego del hígado, colecistitis. Fuego de los riñones, pielitis. Fuego del estómago, hiperacidez gástrica. Calor en la sangre, hemorragias internas. Enfermedad de Parkinson (algunos trastornos).
2. **Es antiinflamatorio, antiinfeccioso, desintoxicante, cicatrizante.** Calor-humedad de los intestinos, enteritis. Fuego-toxinas, afecciones dérmicas inflamatorias e infecciosas, úlceras orales, heridas que no cicatrizan.
3. **Es depurativo de los riñones, desintoxicante, diurético.** Estancamiento del qi de los riñones, envenenamiento por mercurio y por arsénico.
4. **Recupera el hígado y el estómago, es aperitivo, calma el estómago y controla el vómito.** Deficiencia del qi del hígado y del estómago, reflujo del qi del estómago.

Precauciones: Contraindicado en las hiperuricemias y en los procesos de tipo reumático. Puede ser irritante para el estómago.
Presentación: Extracto alcohólico 1:3.
Dosificación: 20 gotas 3 veces por día.

94 • TRIGO

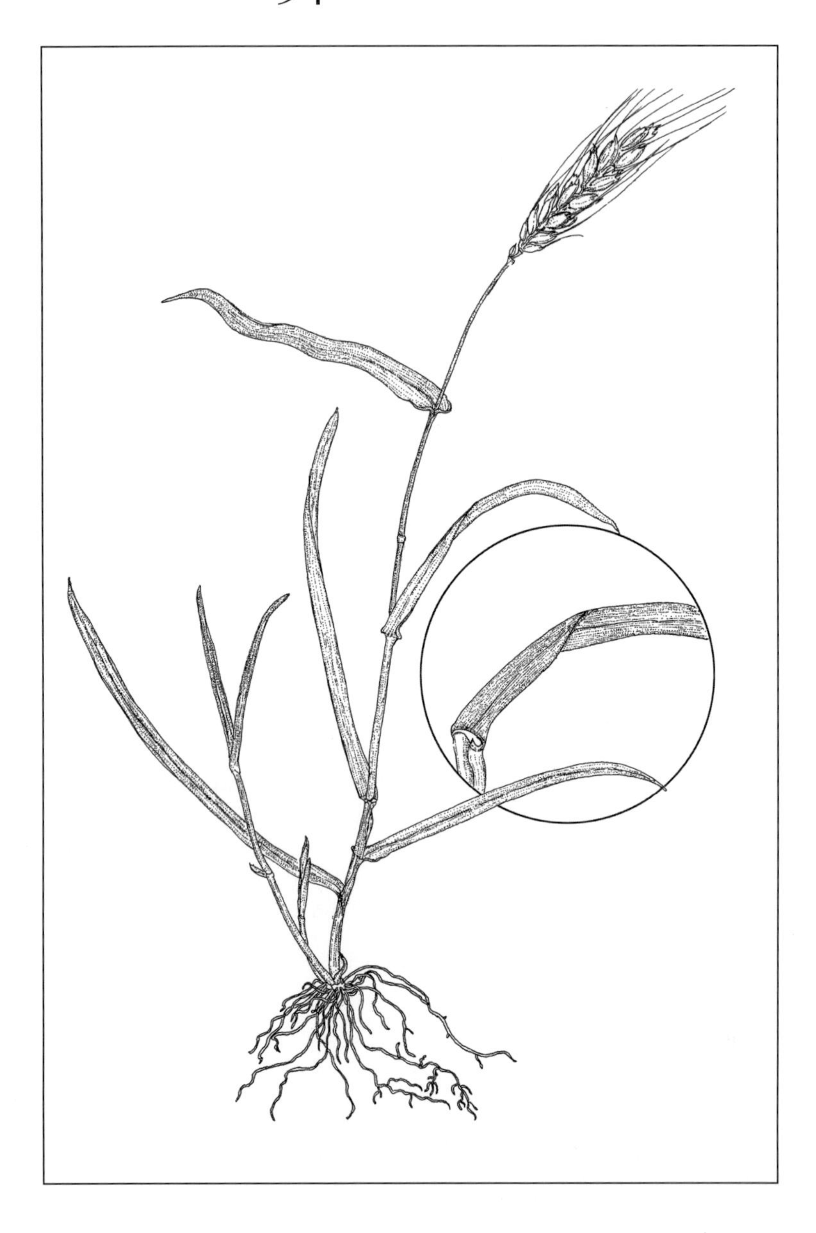

Nombre común	Trigo
Nombre farmacéutico	*lamina Tritici aestivii*
Nombre botánico	*Triticum aestivum L.*
Parte usada	La hoja

Naturaleza

Propiedades:

Primarias: **Sabor:** Dulce y salado.
Temperatura: Neutral.
Humedad: Neutral.

Secundarias: Nutre, restablece, disuelve, espesa.

Afinidades:

Órganos y sistemas: Sangre, líquidos, hígado, intestinos, pituitaria, páncreas.
Organismos: Líquidos.
Canales: B, E.
Doshas: Vata-, Pitta-, Kapha+.

Terrenos:

Temperamentos: Todos.
Biotipos: Todos.

Componentes químicos: Aminoácidos, colina, clorofila, minerales, enzimas. Vitaminas: C, E, A, F, K, B1, B2, B6, B17, niacina, ácido pantoténico. Trazas minerales de Ca, S, Co, P, Zn, K, Mg y Cl.

Categoría: Suave, toxicidad crónica mínima.

Funciones – Usos

1. **Incrementa el qi, recupera la deficiencia de los líquidos y la sangre. Nutre y fortalece.** Deficiencia de la sangre y de los líquidos, deficiencia general del qi. Fatiga crónica y anemia.
2. **Tonifica y recupera el hígado, el bazo, el estómago y los intestinos. Normaliza el metabolismo general, regula las secreciones, equilibra la pituitaria, mejora la asimilación de los nutrientes, recuperando la pérdida de peso.** Estancamiento del qi del hígado. Humedad del bazo, deficiencia del qi del bazo con síndrome de mala absorción. Úlceras péptica y gástrica, gastritis, insuficiencia del páncreas, hipoglicemia, deficiencia pituitaria.
3. **Desintoxica, depura, drena la plétora, es dermatológico, disuelve las tumoraciones.** Intoxicación por metales pesados, toxemia general, hipertensión, obesidad, tumoraciones y lesiones dérmicas.
4. **Es antiinflamatorio, antiinfeccioso, cicatrizante.** Infecciones orales, sinusitis, rinitis, pie de atleta, quemaduras, heridas, picaduras de insectos.

Precauciones: Ninguna.
Presentación: Zumo fresco.
Dosificación: 1 vaso diario.

95 • VALERIANA

Nombre común	Valeriana
Nombre farmacéutico	*rhizoma Valerianae*
Nombre botánico	*Valeriana officinalis L.*
Parte usada	El rizoma

Naturaleza

Propiedades:

Primarias: **Sabor:** Dulce, amargo y picante.
Temperatura: Cálida.
Humedad: Seca.

Secundarias: Relaja, estimula, descongestiona y restablece.

Afinidades:

Órganos y sistemas: Circulación arterial, corazón, cerebro, médula, nervios, riñones, pulmones, estómago, páncreas, vejiga y útero.

Organismos: Aire y Líquidos.

Canales: C, Pr, P, B.

Doshas: Vata+, Pitta-, Kapha-.

Terrenos:

Temperamentos: Sanguíneo.

Biotipos: Yangming-encantador-tierra y Jueyin-expresivo.

Componentes químicos: Canfenos, pinenos, borneol, sesquiterpenos, ácido valeriánico, aldehídos, ésteres, cetonas, terpenoides, colina, glucosa, fructosa, resinas, alcaloides volátiles, glicósidos y fermentos.

Categoría: Medianamente fuerte, con alguna toxicidad crónica.

Funciones – Usos

1. **Restablece el cerebro, la médula, los nervios, levanta el espíritu y es antidepresiva. Tonifica el corazón, los pulmones y la circulación.** Agotamiento nervioso y cerebral, debilidad medular, depresión nerviosa. Deficiencia del yang del corazón y de los riñones, deficiencia del yang de los pulmones, deficiencia del yang de los riñones, congestión de la sangre del corazón.
2. **Elimina la constricción, estimula la circulación del qi, calma la agresividad e induce al descanso.** Constricción del qi del corazón, de los riñones, de la vejiga y del útero. Epilepsia, histerismo. Jaquecas.
3. **Es febrífuga, elimina el calor, corrige la deficiencia, calma el espíritu.** Deficiencia del yin del corazón y de los riñones, deficiencia de la sangre del corazón y del bazo, fiebres shaoyin.
4. **Tonifica el hígado, el estómago, el páncreas. Es diurética, fortalece los ojos y mejora la visión.** Deficiencia del qi del hígado y del estómago, ayuda al manejo de la diabetes. Estancamiento del qi de los riñones, disminución de la visión.
5. **Es antibiótica, antihelmíntica, cicatrizante, inmunoestimulante.** Preventiva en las epidemias, evita la infección de las heridas, es útil en las intoxicaciones alimenticias.

   Precauciones: Tómela durante 2-3 semanas y suspéndala una; así evitará los efectos secundarios.

   Presentación: Extracto alcohólico 1:3.

   Dosificación: 20-30 gotas 3 veces por día.

96 • VERBENA

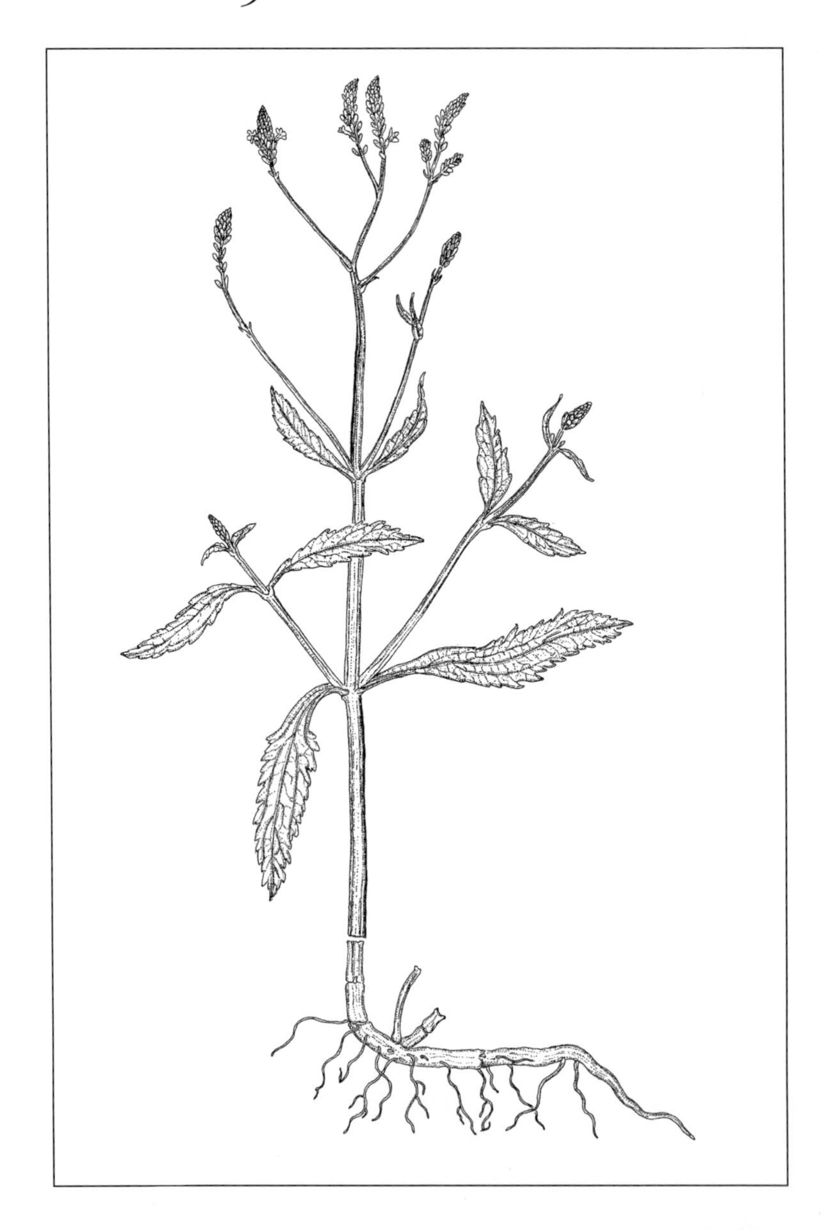

Nombre común	Verbena
Nombre farmacéutico	*herba Verbenae*
Nombre botánico	*Verbena officinalis L.*
Parte usada	La planta entera

Naturaleza

Propiedades:

Primarias: **Sabor:** Amargo y picante.
Temperatura: Fresca.
Humedad: Neutral.

Secundarias: Relaja, restablece y estimula.

Afinidades:

Órganos y sistemas: Pulmones, sistema nervioso, hígado, riñones, intestinos, útero y piel. Sistema inmunológico.

Organismos: Aire y Líquidos.

Canales: P, H, R, Chong y Ren.

Doshas: Vata+, Pitta-, Kapha-.

Terrenos:

Temperamentos: Todos.

Biotipos: Todos.

Componentes químicos: Vesbanina, verbenalina, citral, amargos y taninos.

Categoría: Suave, toxicidad crónica mínima.

Funciones – Usos

1. **Es febrífuga, antitusígena, sudorífica, libera el exterior, dispersa el viento-calor.** Viento-calor de los pulmones, neumonía, tosferina. Viento-calor-externos, fiebres shaoyang.
2. **Es antiespasmódica, analgésica, induce la circulación del qi, elimina la constricción.** Constricción del qi de los intestinos, de los pulmones, del útero. Debilidad nerviosa e insomnio por constricción del qi. Ascenso del yang del hígado, migraña, neuralgias y reumatismo.
3. **Es depurativa, diurética, remueve el estancamiento, drena los riñones, expulsa los cálculos. Tonifica el hígado, beneficia la visión.** Estancamiento del qi del hígado, disminución de la visión, deficiencia del qi del hígado y del estómago, estancamiento del qi de los riñones; cálculos urinarios, diatesis úrica.
4. **Tonifica la matriz, promueve las menstruaciones, coadyuva en el trabajo de parto y estimula la lactación.** Estancamiento del qi del útero, detención del trabajo de parto, amenorrea, hipogalactia.
5. **Aumenta el qi, fortalece, tonifica los pulmones, recupera los nervios, eleva el espíritu y es antidepresiva.** Debilidad nerviosa por deficiencia. Deficiencia del qi de los pulmones, depresión crónica, depresión del posparto.
6. **Cicatriza, desinflama, activa las defensas orgánicas, es antídoto de los venenos, dermatológica y antihelmíntica.** Profiláctica en las epidemias, heridas e inflamaciones orales, eccema y urticaria.

   Precauciones: Ninguna.

   Presentación: Extracto alcohólico y como ingrediente de preparaciones oficinales.

   Dosificación: 20-30 gotas 3 veces por día.

97 • VERDOLAGA

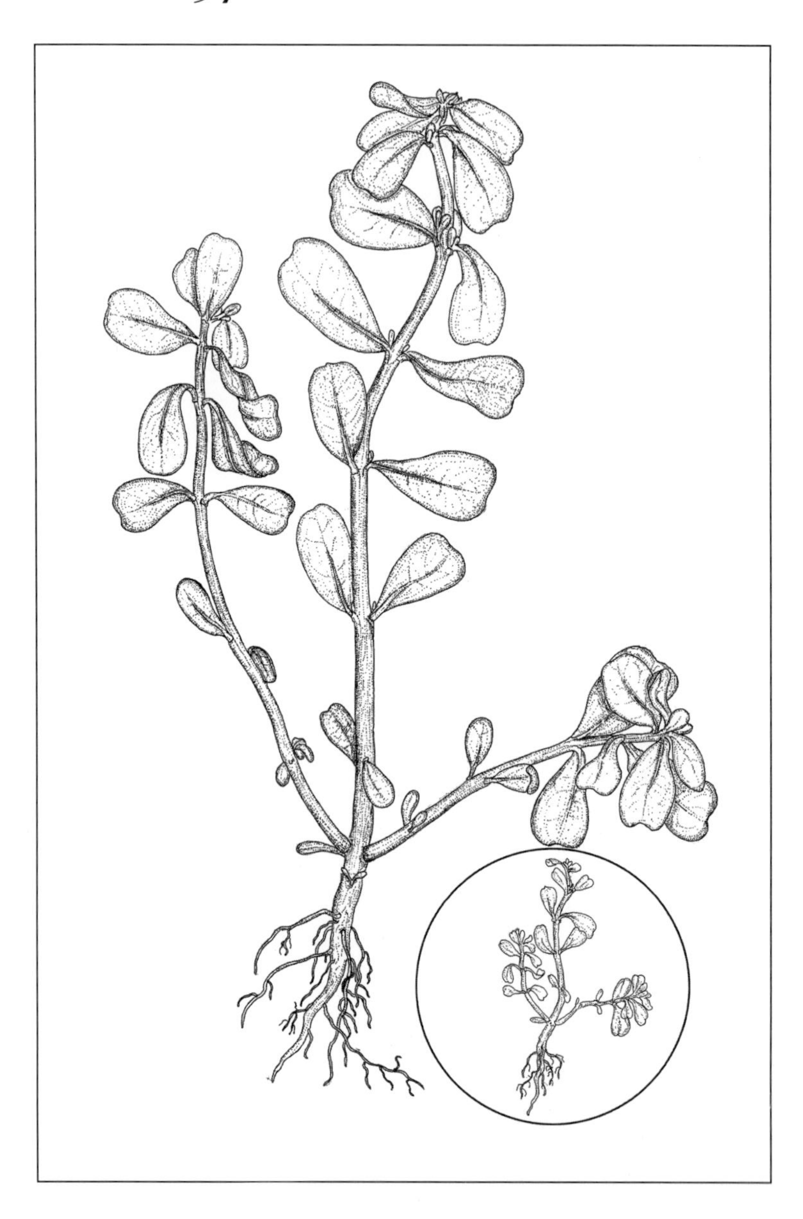

Nombre común	Verdolaga
Nombre farmacéutico	*herba Portulacae*
Nombre botánico	*Portulaca sativa L.*
Parte usada	La planta entera

Naturaleza

Propiedades:

Primarias: **Sabor:** Salado, amargo y dulce.
Temperatura: Fría.
Humedad: Húmeda.

Secundarias: Nutre, calma, astringe. Movimiento descendente.

Afinidades:

Órganos y sistemas: Estómago, intestinos, sangre y líquidos corporales.
Organismos: Líquidos y Temperatura.
Canales: Ig, P.
Doshas: Vata-, Pitta-, Kapha=.

Terrenos:

Temperamentos: Todos.
Biotipos: Todos.

Componentes químicos: Aminoácidos, mucílagos, oligoelementos, vitaminas A y C.
Categoría: Suave, toxicidad crónica mínima.

Funciones – Usos

1. **Es febrífuga, desintoxica, desinflama, calma la sed, es antihelmíntica.** Estados de calor-exceso, fuego-toxinas, calor de la sangre, laringitis, anquilostomiasis.
2. **Es antiinfecciosa, seca el moco-humedad, astringe, detiene las descargas, fortalece los genitales, aplaca el deseo sexual.** Humedad-calor de los intestinos, enteritis, disentería, hemorragias por estados de calor. Humedad-calor de la vejiga, eretismo sexual, flujos, espermatorrea.
3. **Adopta el yin, provee humedad, aumenta la leche y el semen.** Sequedad interna, hipogalactia.

Precauciones: Ninguna.
Presentación: Zumo de la planta fresca.
Dosificación: 3 tazas por día.

98 • VID

Nombre común	Vid
Nombre farmacéutico	*caulis et folium Vitis*
Nombre botánico	*Vitis vinifera L.*
Parte usada	Las hojas con pecíolo

Naturaleza

Propiedades:

Primarias: **Sabor:** Astringente, amargo, ácido.
Temperatura: Fría.
Humedad: Seca.

Secundarias: Restablece, astringe, diluye y descongestiona.

Afinidades:

Órganos y sistemas: Hígado, sistema urinario, sangre, venas y útero.
Organismos: Aire y Temperatura.
Canales: H, V.
Doshas: Vata-, Pitta-, Kapha+.

Terrenos:

Temperamentos: Colérico y Sanguíneo.
Biotipos: Taiyang-industrioso y Jueyin-expresivo.

Componentes químicos: Bitartrato de K, taninos quercitina. Azúcares: dextrosa, levulosa y sacarosa. Ácidos: acético, málico, tartárico, bernsteínico. Colina, inositol, antrocianos y vitamina C.

Categoría: Suave, toxicidad crónica mínima.

Funciones – Usos

1. **Astringe, reaviva la sangre, descongestiona y restablece las venas, modera las menstruaciones.** Calor de la sangre, estancamiento de la sangre venosa, flebitis. Congestión de la sangre del útero; menorragia.
2. **Elimina el calor, drena la plétora, es diurética, calma la sed, seda la irritabilidad.** Hipertensión, hipercolesterolemia, plétora general, obesidad, celulitis.
3. **Es hemostática, detiene las descargas, desintoxica, suaviza las irritaciones.** Humedad-calor en los intestinos, humedad-calor en la vejiga, enteritis, cistitis, hemorragias de los ocho orificios. Leucorrea, inflamaciones ORL, dermatitis.

Precauciones: Ninguna.
Presentación: Extracto alcohólico 1:3.
Dosificación: 25-30 gotas 3 veces por día.

99 • YERBABUENA

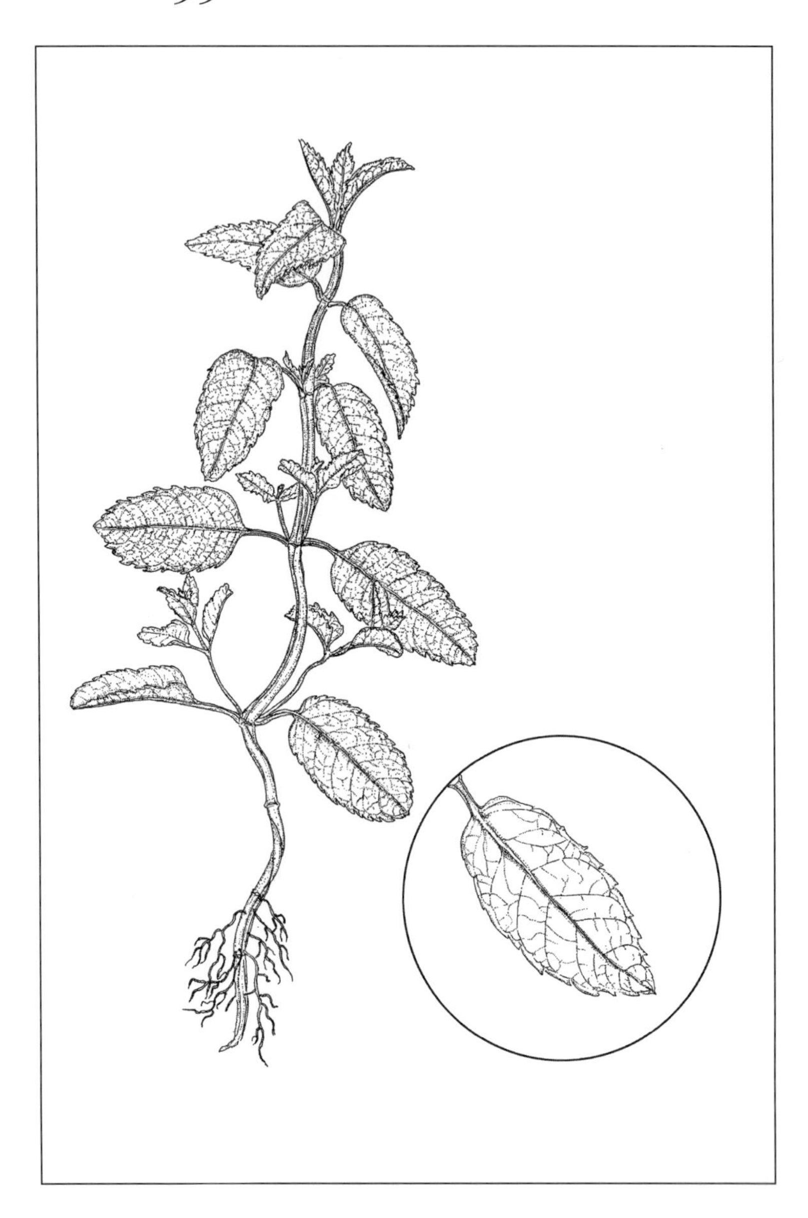

Nombre común	Yerbabuena
Nombre farmacéutico	*folium Menthae viridis*
Nombre botánico	*Mentha viridis L.*
Parte usada	Las hojas

Naturaleza

Propiedades:

Primarias: **Sabor:** Picante y dulce.
Temperatura: Fresca.
Humedad: Neutral.

Secundarias: Relaja, restablece y estimula.

Afinidades:

Órganos y sistemas: Vías respiratorias superiores, pulmones, estómago, riñones, vejiga.
Organismos: Aire y Temperatura.
Canales: P, V.
Doshas: Vata=, Pitta-, Kapha-.

Terrenos:

Temperamentos: Todos.
Biotipos: Todos.

Componentes químicos: Mentol, alcanfor, limoneno, cineol, timol, isovalerato. Vitaminas A y C. Trazas minerales de Fe, Cu, Na y Cl.

Categoría: Suave, toxicidad crónica mínima.

Funciones – Usos

1. **Es febrífuga, sudorífica, dispersa el viento-calor, libera el exterior.** Viento-externo-calor, viento-calor de los pulmones. Fiebres en general.
2. **Es antiinflamatoria, desinfectante, desintoxicante, analgésica.** Infecciones del tracto respiratorio superior, dermatitis, fuego-toxinas en la piel, dolor reumático, otalgia, odontalgia.
3. **Tonifica el sistema endocrino, estimula el hígado, serena el estómago. Calma los nervios e induce el descanso, es anodina y antiflatulenta.** Estancamiento del qi del hígado, indigestión con flatos. Deficiencia endocrina, insomnio.

Precauciones: Ninguna.
Presentación: Aceite esencial. Extracto alcohólico 1:3.
Dosificación: Aceite: 3-5 gotas 3 veces por día. Extracto: 20 gotas 3 veces por día.

100 • ZANAHORIA

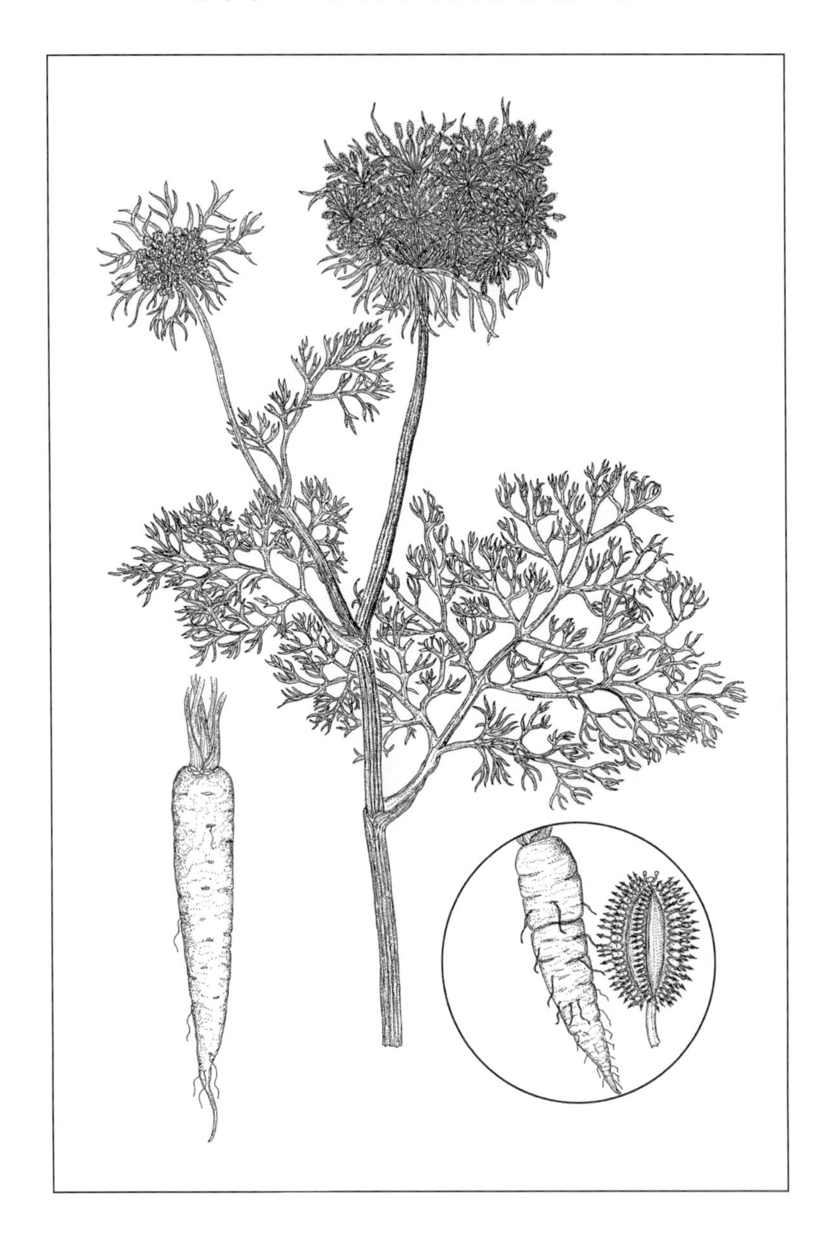

Nombre común Zanahoria

Nombre farmacéutico *radix et fructus Dauci*

Nombre botánico *Daucus carota L.*

Parte usada La raíz y las semillas

Naturaleza

Propiedades:

Primarias: **Sabor:** Amargo, dulce y picante.
Temperatura: Neutral.
Humedad: Seca.

Secundarias: Relaja, estimula, descongestiona, disuelve. Movimiento descendente.

Afinidades:

Órganos y sistemas: Vejiga, riñones, intestinos, útero, estómago.
Organismos: Aire y Líquidos.
Canales: V, R.
Doshas: Vata-, Pitta+, Kapha-.

Terrenos:

Temperamentos: Sanguíneo.
Biotipos: Yangming-encantador-tierra.

Componentes químicos: Aceite esencial, carotenos. Vitaminas: C, B1, B2, B6, E y H. Pectinas, glucosa, sucrosa, ácido málico, xantofila, pentosano y asparagina.

Categoría: Suave, toxicidad crónica mínima.

Funciones – Usos

1. **Es diurética, depura los riñones, ablanda los cálculos.** Estancamiento del qi de los riñones. Toxemia general, hiperuricemia, litiasis renal, edema.
2. **Estimula y relaja el útero y el intestino, promueve las menstruaciones y expulsa los restos del posparto.** Estancamiento del qi del útero, placenta retenida, constricción del qi intestinal, tos crónica e hipo.
3. **Restablece los urogenitales, normaliza la micción, aumenta el deseo sexual.** Deficiencia del qi genitourinario, constricción del qi de la vejiga y nefritis crónica.
4. **Desinflama y disipa los tumores, cicatriza, calma la sequedad de la piel y el prurito.**

Precauciones: Contraindicada durante el embarazo.

Presentación: Aceite esencial de las semillas y extracto alcohólico de la raíz.

Dosificación: Extracto alcohólico: 20 gotas 3 veces por día. Aceite esencial: 5 gotas 3 veces por día.

IOI • ZARZAPARRILLA

Nombre común	Zarzaparrilla
Nombre farmacéutico	*radix Smilacis*
Nombre botánico	*Smilax officinalis L.*
Parte usada	La raíz

Naturaleza

Propiedades:

Primarias: **Sabor:** Dulce, picante y amargo.
Temperatura: Cálida.
Humedad: Húmeda.

Secundarias: Restablece, relaja y estimula.

Afinidades:

Órganos y sistemas: Líquidos, sangre, hígado, riñones, estómago, intestinos y piel.

Organismos: Líquidos.

Canales: H.

Doshas: Vata-, Pitta-, Kapha=.

Terrenos:

Temperamentos: Todos.

Biotipos: Todos.

Componentes químicos: Aceite esencial, zarzaponina y parritina, sitosterol, estigmasterol, amargos, oligoelementos, resinas.

Categoría: Suave, toxicidad crónica mínima.

Funciones – Usos

1. **Depura, desintoxica, es diurética, drena los riñones, beneficia la piel.** Discrasia general, estancamiento del qi de los riñones, erupciones dérmicas crónicas, soriasis.
2. **Recupera la deficiencia y la sangre, restablece el estómago, es antiespasmódica, genera fertilidad.** Deficiencia de la sangre, deficiencia del qi del hígado y del estómago, anemia, insuficiencia de progesterona, constricción del qi de los intestinos, esterilidad e impotencia.
3. **Es sudorífica, dispersa el viento-frío, es febrífuga, libera el exterior, mejora la respiración.** Viento-externo-frío, fiebres remitentes.
4. **Incrementa las defensas, controla las infecciones.** Es útil en el tratamiento de las enfermedades venéreas crónicas y de la intoxicación por alimentos.

Precauciones: Ninguna.

Presentación: Extracto alcohólico 1:3.

Dosificación: 25-30 gotas 3 veces por día.

ANEXOS

TABLA DE LAS PROPIEDADES DE CADA HIERBA

No.	NOMBRE	TEMPERATURA	HUMEDAD	HASTA TRES SABORES
1	ACHICORIA	Fresca	Húmeda	Amargo, dulce y salado
2	AGRIPALMA	Fresca	Seca	Amargo y picante
3	AJENJO	Fría	Seca	Amargo, picante y astringente
4	AJÍ	Caliente	Seca	Picante
5	AJO	Cálida	Seca	Picante, dulce y salado
6	ALBAHACA	Cálida	Seca	Picante, dulce y amargo
7	ALCACHOFA	Fresca	Húmeda	Amargo y salado
8	ALFALFA	Neutral	Húmeda	Salado y amargo
9	ANGÉLICA	Cálida	Seca	Picante, amargo y dulce
10	ANÍS	Caliente	Seca	Picante y dulce
11	APIO	Fresca	Húmeda	Amargo y dulce
12	ÁRNICA	Neutral	Neutral	Dulce, picante y amargo
13	ARTEMISA	Fresca	Seca	Picante y amargo
14	AVENA	Cálida	Húmeda	Dulce
15	BARDANA	Fresca	Neutral	Amargo y picante
16	BERGAMOTA	Neutral	Neutral	Amargo, dulce y picante
17	BERRO	Cálida	Seca	Picante y amargo
18	BOLSA DE PASTOR	Fresca	Seca	Amargo y astringente
19	BORRAJA	Fría	Húmeda	Dulce y salado
20	CÁLAMO	Cálida	Seca	Picante, amargo y dulce
21	CALÉNDULA	Neutral	Seca	Amargo, dulce y salado
22	CAMPANAS DE MAYO	Neutral	Húmeda	Dulce y amargo
23	CANELA	Caliente	Seca	Picante, astringente y dulce
24	CARDAMOMO	Cálida	Seca	Picante, amargo y dulce
25	CARDO	Neutral	Seca	Amargo, picante y astringente
26	CARDO SANTO	Cálida	Seca	Picante y amargo
27	CARDÓN	Fresca	Seca	Dulce y amargo
28	CARRETÓN ROJO	Fresca	Neutral	Dulce y blando
29	CÁSCARA SAGRADA	Fría	Húmeda	Amargo y astringente
30	CEREZO	Fresca	Seca	Amargo y astringente
31	COLA DE CABALLO	Fría	Seca	Amargo y astringente
32	CONSUELDA	Fresca	Húmeda	Dulce, blando y astringente
33	CÚRCUMA	Neutral	Húmeda	Picante, amargo y astringente
34	CURUBA	Fría	Seca	Blando
35	DAMIANA	Neutral	Seca	Amargo y picante
36	DIENTE DE LEÓN	Fría	Seca	Amargo, salado y dulce
37	EQUINÁCEA	Fresca	Seca	Picante y salado
38	ESCILA	Fresca	Húmeda	Amargo, dulce y picante
39	ESPÁRRAGO	Cálida	Húmeda	Dulce y salado

TABLA DE LAS PROPIEDADES DE CADA HIERBA

No.	NOMBRE	TEMPERATURA	HUMEDAD	HASTA TRES SABORES
40	ESPIRULINA-CLORELA	Neutral	Neutral	Dulce y salado
41	EUCALIPTO	Fresca	Neutral	Picante y amargo
42	EUPATORIO	Fría	Seca	Amargo, picante y astringente
43	FUMARIA	Fresca	Seca	Amargo y salado
44	GEL DE SÁBILA	Fresca	Húmeda	Blando y salado
45	GENCIANA	Fría	Seca	Amargo y astringente
46	GERANIO	Fresca	Seca	Astringente y dulce
47	GORDOLOBO	Fresca	Húmeda	Dulce, astringente y blando
48	HINOJO	Cálida	Seca	Picante y dulce
49	HIPÉRICO	Fresca	Seca	Amargo, dulce y astringente
50	HORTENSIA	Neutral	Húmeda	Picante y dulce
51	JAZMÍN	Cálida	Húmeda	Picante y dulce
52	JENGIBRE	Caliente	Seca	Picante y dulce
53	LENGUA DE VACA	Fría	Seca	Amargo y astringente
54	LIMÓN	Fría	Seca	Ácido, dulce y astringente
55	LÚPULO	Fría	Seca	Amargo, astringente y picante
56	LLANTÉN	Fría	Seca	Astringente y salado
57	MAÍZ	Fresca	Seca	Dulce y astringente
58	MALVA	Fresca	Húmeda	Dulce
59	MANZANILLA	Cálida	Húmeda	Amargo y dulce
60	MARRUBIO	Fresca	Seca	Amargo, picante y salado
61	MENTA PIPERITA	Cálida	Seca	Picante y dulce
62	MILENRAMA	Neutral	Seca	Amargo, astringente y dulce
63	MORA DE CASTILLA	Fresca	Seca	Astringente
64	MORA SILVESTRE	Fría	Seca	Astringente
65	NOGAL	Neutral	Seca	Astringente, amargo y picante
66	NOVIO	Cálida	Neutral	Astringente, dulce y picante
67	OLMO	Fresca	Húmeda	Dulce y blando
68	ORÉGANO	Neutral	Seca	Amargo, picante y dulce
69	ORTIGA	Fresca	Seca	Astringente y amargo
70	PENSAMIENTO	Neutral	Húmeda	Picante, dulce y salado
71	PEREJIL	Neutral	Seca	Amargo y picante
72	PIE DE LEÓN	Fría	Seca	Astringente y amargo
73	PIMIENTA NEGRA	Caliente	Seca	Picante
74	PINO	Fresca	Seca	Amargo, picante y ácido
75	POLEN DE FLORES	Neutral	Neutral	Todos los sabores
76	POLEO CHINO	Neutral	Seca	Picante y amargo
77	RÁBANO BLANCO	Caliente	Seca	Picante
78	ROBLE	Fresca	Seca	Astringente

TABLA DE LAS PROPIEDADES DE CADA HIERBA

No.	NOMBRE	TEMPERATURA	HUMEDAD	HASTA TRES SABORES
79	ROMERO	Caliente	Seca	Amargo y picante
80	ROSA	Fresca	Neutral	Astringente y dulce
81	RUDA	Caliente	Seca	Picante y amargo
82	RUIBARBO	Fría	Seca	Amargo y astringente
83	SÁBILA	Cálida	Húmeda	Amargo
84	SALVIA	Fresca	Seca	Picante, amargo y astringente
85	SAUCE	Fresca	Seca	Amargo y astringente
86	SAÚCO	Neutral	Seca	Picante, dulce y amargo
87	SEJE	Caliente	Húmeda	Picante, dulce y ácido
88	SEN	Caliente	Seca	Amargo
89	TAMARINDO	Fresca	Húmeda	Ácido y dulce
90	TANACETO	Fresca	Seca	Amargo y picante
91	TOMILLO	Cálida	Seca	Picante, amargo y astringente
92	TORONJIL	Fresca	Seca	Amargo, astringente y ácido
93	TRÉBOL	Fría	Seca	Ácido y astringente
94	TRIGO	Neutral	Neutral	Dulce y salado
95	VALERIANA	Cálida	Seca	Dulce, amargo y picante
96	VERBENA	Fresca	Neutral	Amargo y picante
97	VERDOLAGA	Fría	Húmeda	Salado, amargo y dulce
98	VID	Fría	Seca	Astringente, amargo y ácido
99	YERBABUENA	Fresca	Neutral	Picante y dulce
100	ZANAHORIA	Neutral	Seca	Amargo, dulce y picante
101	ZARZAPARRILLA	Cálida	Húmeda	Dulce, picante y amargo

DIAGRAMA A

ESQUEMA QUE INTEGRA ALGUNOS PRINCIPIOS GRIEGOS, CHINOS Y AYURVÉDICOS

Desde el centro hacia la periferia:

a. Las cuatro krasas
b. Los ocho temperamentos
c. Los cuatro fluidos
d. Las cuatro cualidades
e. Los cuatro elementos griegos
f. Los cinco elementos chinos
g. Las cuatro direcciones
h. Las tres doshas

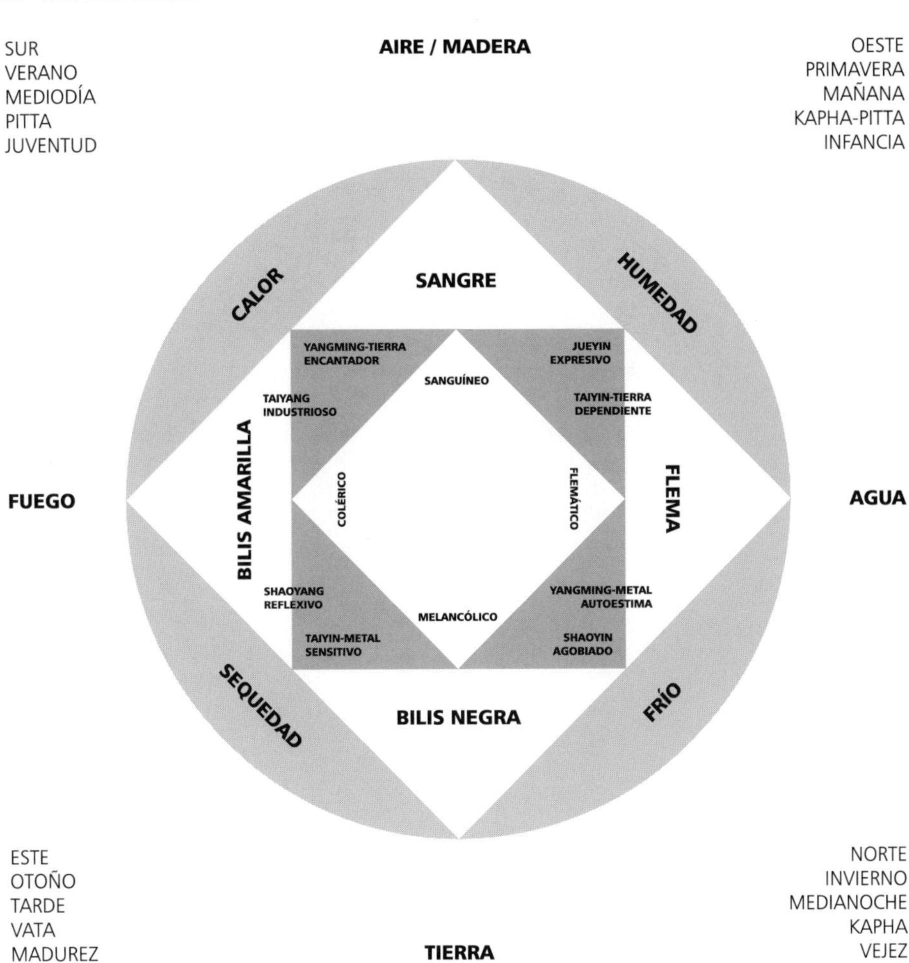

DIAGRAMA B

ESQUEMA QUE INTEGRA LOS CUATRO ORGANISMOS Y LOS CUATRO CUERPOS

Del interior al exterior:

a. Los cuatro órganos
b. Los cuatro organismos
c. Los cuatro cuerpos chinos

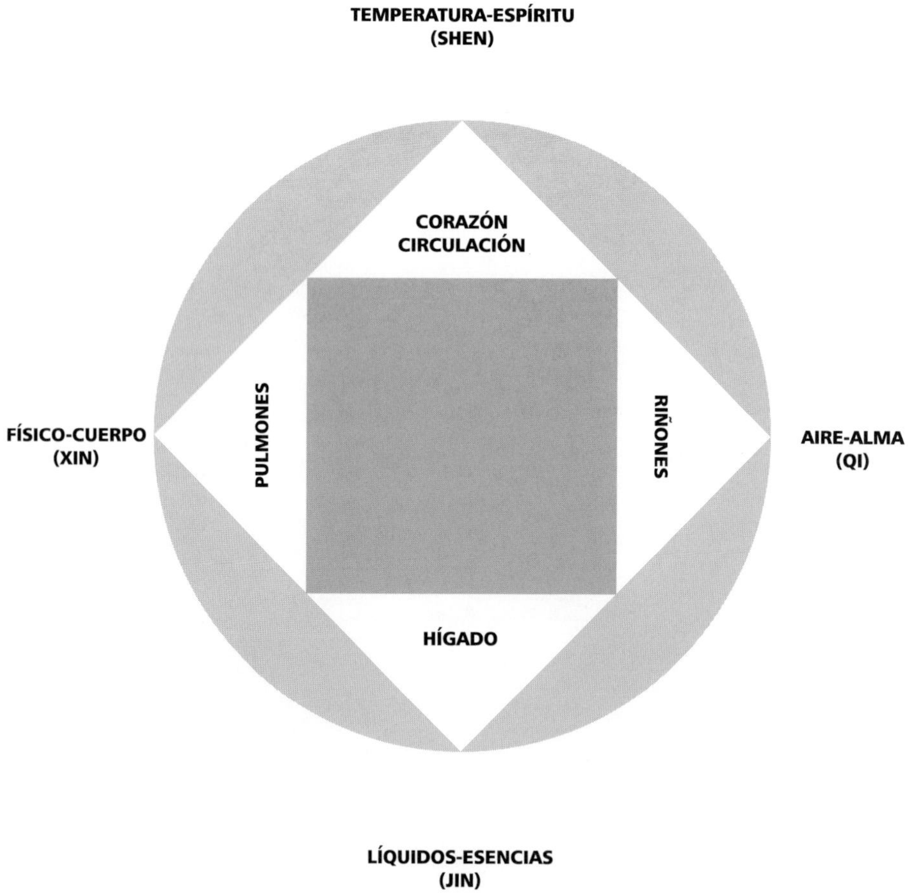

TEMPERATURA-ESPÍRITU
(SHEN)

CORAZÓN
CIRCULACIÓN

FÍSICO-CUERPO
(XIN)

PULMONES

RIÑONES

AIRE-ALMA
(QI)

HÍGADO

LÍQUIDOS-ESENCIAS
(JIN)

LISTA DE LOS CANALES DE ACUPUNTURA MENCIONADOS EN EL TEXTO

Canales regulares	**Abreviaturas**
1. Canal del *pulmón* taiyin de la mano	P
2. Canal del *intestino grueso* yangming de la mano	Ig
3. Canal del *estómago* yangming del pie	E
4. Canal del *bazo* taiyin del pie	B
5. Canal del *corazón* shaoyin de la mano	C
6. Canal del *intestino delgado* taiyang de la mano	Id
7. Canal de la *vejiga* taiyang del pie	V
8. Canal del *riñón* shaoyin del pie	R
9. Canal del *pericardio* jueyin de la mano	Pr
10. Canal del *sanjiao* shaoyang de la mano	S
11. Canal de la *vesícula biliar* shaoyang del pie	Vb
12. Canal del *hígado* jueyin del pie	H

Canales extraordinarios

1. Canal *ren*
2. Canal *chong*

GLOSARIO DE TERMINOLOGÍA MÉDICA

ACV: Abreviatura de accidente cerebrovascular.
Afonía: Pérdida de la voz.
Agalactia: Falta o deficiencia de la producción de leche.
Albuminuria: Presencia de albúmina sérica en la orina.
Amenorrea: Falta o suspensión anormal de las menstruaciones.
Analgésico: Que suprime el dolor sin pérdida de la conciencia.
Angor péctoris: Angina de pecho, dolor en el pecho de origen coronario.
Anodino: Dícese del medicamento que alivia el dolor.
Anorexia: Falta o pérdida del apetito.
Anosmia: Falta del sentido del olfato.
Anquilostomiasis: Enfermedad parasitaria producida por el *Anchylostoma duodenale* o uncinaria.
Antiácido: Que contrarresta la acidez.
Antialérgico: Que contrarresta las alergias.
Antidepresivo: Agente que estimula el estado de ánimo de un paciente deprimido.
Antidiarreico: Que combate la diarrea.
Antídoto: Medicamento que contrarresta un veneno.
Antiemético: Que previene o alivia las náuseas y los vómitos.
Antiespasmódico: Medicamento que alivia o controla los espasmos del músculo liso de las vísceras.
Antiestornutatorio: Agente que controla los estornudos.
Antiflatulento: Que impide los flatos o gases digestivos.
Antihelmíntico: Que destruye las lombrices o gusanos intestinales.
Antihemorrágico: Que detiene la hemorragia.
Antiinfeccioso: Que controla o impide las infecciones.
Antiséptico: Sustancia que impide la putrefacción o controla el crecimiento de los gérmenes.
Antiveneno: Sustancia que se emplea en el tratamiento de los envenenamientos.
Antiviral: Que destruye o inhibe los virus.
Anuria: Suspensión completa de la secreción de orina por parte de los riñones.
Aperitivo: Que estimula el apetito.
Ascendente: Dícese del movimiento que generan los medicamentos hacia la parte superior del cuerpo, afectando la región cefálica y el pecho.
Ascitis: Líquido seroso acumulado por derrame en la pared abdominal.
Astenia: Falta o pérdida de la fuerza y la energía vitales: debilidad.
Astringente: Medicamento que produce la contracción localizada de algún órgano o tejido.

Bocio: Crecimiento anormal de la glándula tiroides. El tóxico lo origina la intoxicación por las sustancias que él mismo genera.
Borborigmo: Ruido intestinal que producen los gases y los líquidos.

Calmante: Agente que alivia la excitación o tiene efecto sedante.
Carminativo: Medicamento que alivia el meteorismo y calma el dolor.
Cataratas: Opacidades del cristalino.
Celulitis: Infección difusa de los tejidos blandos con producción de exudados acuosos.
Cérvix: Parte anterior del útero.
Cicatrizante: Que favorece el proceso de cicatrización.
Cirrosis: Proceso patológico degenerativo del hígado, resultado de la acción de agentes tóxicos sobre sus tejidos.
Citofiláctico: Que protege y aumenta la actividad de las células.
Colagenosis: Enfermedad de los tejidos conectivos del organismo, en la cual se producen reacciones inflamatorias por diferentes causas. Por ejemplo, lupus, fiebre reumática, artritis reumática y escleroderma.
Colagogo: Que estimula el flujo de la bilis hacia el duodeno.
Colecistitis: Inflamación aguda de la vesícula biliar.
Cólera: Infección intestinal aguda, producida por las toxinas del *Vibrio cholerae* y caracterizada por diarrea grave y deshidratación severa.
Colerético: Que estimula el hígado en la producción de la bilis.
Coma: Estado de inconsciencia del cual no se sale ni siquiera con estímulos potentes.
Congelación: Daño de los tejidos producido por la exposición a temperaturas excesivamente bajas.
Convulsión: Toda contracción muscular involuntaria y violenta.
Cordial: Estimulante y vigorizador del corazón.
Crisis asmática: Forma severa del ataque de asma.

Deficiencia: Se refiere en general a un déficit anormal de energía vital (qi), de sangre o de líquidos corporales; es contraria al exceso.
Demencia: Condición que describe el deterioro de las facultades mentales debido a la presencia de lesiones anatómicas cerebrales irreversibles de origen diverso.
Depresión (endógena): Síndrome siquiátrico que implica tristeza y pesimismo. Es endógena cuando los síntomas que manifiesta la persona son físicos.
Depurativo: Que tiende a limpiar y purificar algún órgano o función.
Dermatológico: Agente que actúa benéficamente en los trastornos de la piel.
Dermatosis: Todo tipo de enfermedad de la piel que no presenta inflamación.
Dérmico: Ver *dermatológico*.
Descendente: Dícese del movimiento que generan algunos medicamentos hacia la parte inferior del cuerpo, estimulando, por ejemplo, la eliminación por parte de los riñones y las funciones digestivas.
Descongestionante: Agente que disminuye o controla la congestión (en general, de la sangre).
Desestancar: Eliminar el estancamiento. La medicina china considera que el estancamiento, por ejemplo, del flujo del qi, de la sangre o de la flema genera trastornos patológicos.
Desinflamante: Agente que libra de la inflamación.
Desintoxicante: Sustancia que expulsa los tóxicos del organismo.
Desirritante: Medicamento que combate la irritación.

Diatesis: Reacción especial de los tejidos frente a estímulos externos que hace a la persona más susceptible a ciertas enfermedades.

Diatesis úrica: Propensión a la gota.

Digestivo: Agente que favorece o estimula la digestión.

Diluente: Agente que propicia la dilución.

Discrasia: Término que indica alteración patológica de los humores corporales, en la medicina hipocrática. Frecuentemente se refiere a los líquidos o a la sangre.

Disentería: Inflamación del intestino, especialmente del colon, acompañada de evacuaciones abundantes y dolor. Tiene orígenes diversos.

Dismenorrea: Menstruación dolorosa.

Disnea: Dificultad para respirar.

Disolvente: Medicamento que puede disolver concreciones de sustancias en el cuerpo.

Disuria: Micción dolorosa o difícil.

Diuresis: Función de eliminación de la orina.

Doshas: Las tres fuerzas fundamentales en la fisiología ayurvédica (vata, pitta y kapha).

Energía vital: Concepto vitalista que describe el impulso o fuerza primordial que mueve a todo ser. En medicina china es el qi.

Enfermedad de Crohn: Inflamación granulomatosa crónica del aparato intestinal, que afecta con más frecuencia la porción terminal del íleon, generando obstrucción o fístulas. Es muy recurrente y su causa es desconocida.

Enfermedad fibroquística: Existencia de pequeñas tumoraciones de tejido conectivo fibroso en los conductos de las glándulas mamarias, asociada a sintomatología dolorosa. Aunque se considera benigna, su presencia se relaciona con mayor probabilidad de cáncer de mama.

Enfermedad inflamatoria pélvica: Existencia de infección en las estructuras superiores del aparato reproductor femenino (cuello uterino, endometrio y ovarios) a partir de una lesión en el tracto genital inferior. Puede ser crónica o aguda y de ello dependen el cuadro clínico y el tratamiento.

Enfisema: Acumulación anormal de aire en los tejidos u órganos, con mayor frecuencia en los pulmones a nivel alveolar.

Epistaxis: Hemorragia nasal.

Eretismo (cardiaco): Hipersensibilidad de un órgano como respuesta a un estímulo no exagerado, en este caso del corazón.

Escabiosis: Sarna, enfermedad contagiosa de la piel, producida por el arador *Sarcoptes scabiei* al alojarse en la capa córnea dérmica, generando prurito intenso y eccema.

Escrófula: Infección e inflamación de los ganglios del cuello con supuración y abscesos.

Esencias: Las más puras expresiones de la energía vital en el hombre; de ellas dependen su estado de salud y longevidad. Están relacionadas con la actividad sexual y, según la medicina tradicional china, se conservan en los riñones.

Espermatorrea: Descarga frecuente, abundante y espontánea de semen sin que exista cópula. Se debe a deficiencia de las esencias.

Espesante: Que aumenta la densidad de alguno de los líquidos corporales.
Estancamiento: Inadecuada circulación de la sangre, el qi o los líquidos del organismo.
Estasis: Detención o disminución del fluir de algunos elementos orgánicos, como la sangre, los líquidos o los desechos corporales.
Estertores: Ruidos característicos producidos por el paso del aire a través de las secreciones acumuladas en alguna parte del pulmón, bronquios o tráquea, que, valorados por el especialista, tienen siempre significación patológica más o menos grave.
Estimulante: Que produce estimulación de las funciones de un órgano o sistema.
Expectorante: Que fomenta la expulsión del moco producido por los pulmones.

Febrífugo: Que reduce la fiebre.
Fibroma: Tumor benigno formado principalmente por tejido conectivo fibroso desarrollado.
Fiebre eruptiva: Toda fiebre acompañada de erupción en la piel, comúnmente en entidades de origen viral como sarampión, varicela, rubéola, etc.
Fiebre puerperal: Causada por septicemia originada en el traumatismo de las mucosas del conducto del parto durante el alumbramiento.
Fiebre remitente: Cuando la temperatura varía más o menos un grado durante el día, pero nunca se normaliza.
Fiebre shaoyang: Fiebre subaguda en el estadio intermedio de una enfermedad, con escalofríos, náuseas, pulso de cuerda-rápido y anorexia. Frecuente en las fases iniciales de enfermedades tales como malaria, tifo, septicemia, etc.
Fiebre shaoyin: Es la misma fiebre intermitente, vesperal, propia de los estados de deficiencia del yin-calor, con pulso rápido y lengua morada, que se agrava con el estrés. Es muy frecuente en los niños.
Fiebre vesperal: Fiebre que se presenta cotidianamente en las tardes.
Fiebre yangming: Fiebre alta característica de los estados iniciales de una infección, con irritabilidad, pulso lleno y rápido, sed, orina escasa, oscura y saburra amarilla.
Flebitis: Inflamación de las paredes de un segmento venoso, debida a infección o trauma; cursa con dolor, obstrucción y trombosis (formación de coágulos en el interior del segmento inflamado) según el grado de severidad.
Fortaleciente: Ver *tónico*.

Galactógeno: Que induce la producción de leche.
Gingivitis: Inflamación crónica o aguda de las encías, que produce dolor, sangrado y fiebre.
Glomerulonefritis: Inflamación de los glomérulos renales en sus asas capilares, a menudo secundaria a infecciones por estreptococos o debida a trastornos de la inmunidad.
Gónada: Glándula productora de gametos. Ovario o testículo.

Halitosis: Mal aliento.
Hemoptisis: Expectoración con sangre.
Hemostasia: Mecanismo fisiológico normal de detención de una hemorragia en el organismo.

Hepatoprotector: Agente que protege al hígado de sustancias tóxicas o dañinas.
Hernia hiatal: Protrusión que se presenta en cualquier parte del esófago.
Hipercolesterolemia: Elevación anormal de la concentración de colesterol en la sangre.
Hiperemesis gravídica: Vómitos excesivos durante la gestación, que a veces sobrepasan el primer trimestre del embarazo.
Hiperuricemia: Concentración anormalmente alta del ácido úrico en la sangre.
Hipogalactia: Deficiente o mínima producción de leche.
Hipoglicémico: Relativo a la concentración anormalmente baja del azúcar en la sangre.
Humectante: Que aumenta la humedad de los tejidos orgánicos.

Ictericia: Signo producido por elevación de las bilirrubinas en el suero, con depósito de estos pigmentos en piel, mucosas y escleras del paciente, dándole una coloración amarilla.
Influenza: Infección viral aguda de las vías respiratorias altas, que se presenta de manera estacional y epidémica, afectando grandes grupos de la población y que en algunos casos llega a ser muy severa.
Inmunoestimulante: Que estimula las reacciones de defensa del organismo.
Inmunología: Rama de las ciencias biológicas que estudia las respuestas moleculares del organismo a los elementos propios o extraños y sus consecuencias.
Inmunorregulador: Que controla las interacciones de los elementos que intervienen en las respuestas inmunológicas del organismo.
Insuficiencia suprarrenal: Disminución anormal de la función de las glándulas suprarrenales, como ocurre en la enfermedad de Addison.

Jiao: Calentador. La medicina china describe tres calentadores: superior, medio e inferior.

Kaposi (sarcoma de): Nódulos múltiples azulados en piel y mucosas, debidos a una reticulosis metastatizante maligna y que afectan a los pacientes inmunocomprometidos.

Laringitis: Inflamación aguda o crónica de las mucosas de la laringe que produce afonía, tos, ronquera, disnea y fiebre, de origen infeccioso bacteriano o viral.
Led: Lupus editematoso diseminado.
Lenificar: Ablandar o suavizar.
Lenitivo: Medicamento que lenifica.
Leucopenia: Disminución anormal del número de leucocitos (glóbulos blancos) en la sangre (menos de 5.000 por milímetro cúbico).
Leucorrea: Flujo vaginal blancuzco y viscoso.
Linfangitis: Inflamación infecciosa de uno o varios vasos linfáticos de una región del cuerpo, frecuentemente en las extremidades.
Linfomas: Tumores malignos del tejido linfático o adenoide que tienden a generalizarse.
Litiasis: Trastorno que conduce a la formación de concreciones y cálculos.

Malaria: Paludismo, infestación parasitaria de la sangre transmitida por el mosquito *Anopheles* y que produce fiebres recurrentes.
Manía: Trastorno agudo de la conducta, caracterizado por exaltación del tono afectivo y emocional del paciente.
Meningitis: Inflamación de las membranas meníngeas por infección o trauma.
Menorragia: Hemorragia uterina abundante y prolongada durante los periodos menstruales.
Micosis: Infección local o general por hongos.
Migraña: Dolor agudo de una mitad de la cabeza, con fotofobia (rechazo a la luz), náusea y vómito. Jaqueca.
Miocárdico: Relacionado con el músculo cardiaco.

Nefritis: Inflamación aguda o crónica del parénquima (tejido propio del riñón) y de los demás tejidos renales.
Nervino: Que calma o seda los nervios.
Neurastenia: Trastorno que produce debilidad o agotamiento nervioso.
Neuritis facial: Parálisis facial.

Odontalgia: Dolor de los dientes.
ORL: Sigla de otorrinolaringología (usada para referirse a oídos, nariz y garganta).
Osteoporosis: Rarefacción de los huesos por desmineralización.
Otalgia: Dolor de oído.
Oxiuriasis: Infestación por el parásito intestinal oxiuro.

Parestesia: 1. Sensación anormal en alguna parte del cuerpo: ardor, hormigueo o punzadas. 2. Parálisis incompleta o ligera.
Parkinson (enfermedad de): Parálisis agitante, cara inmóvil, temblores y rigidez muscular por lesión cerebral.
Pie de atleta: Agrietamiento de los pliegues de los dedos por micosis (tricofitosis).
Pielitis: Inflamación de la pelvis renal, punto de reunión de los cálices del riñón.
Piorrea: Inflamación purulenta del periostio alveolar de los dientes, con desprendimiento de éstos.
Pituitaria: Glándula hipófisis.
Plétora: Término que describe cantidad excesiva de sangre o de líquidos, con rubicundez o edema.
Pleuresía: Inflamación de la pleura pulmonar con exudado líquido hacia la cavidad del pulmón. Puede ser aguda o crónica y deberse a múltiples causas.
Polaquiuria: Micción frecuente que no afecta el volumen total de orina, debido a un trastorno de la vejiga.
Poliuria: Eliminación de grandes cantidades de orina, debida a trastornos del riñón y que a veces se relaciona con la diabetes.
Profiláctico: Que tiende a evitar o prevenir una o varias enfermedades.

Progestágeno: Este término se aplica en general a toda sustancia que presenta actividad progestacional. Sustancia con efectos similares a los de la progesterona.
Prolapso: Caída o procidencia de una víscera o de parte de ella. Son frecuentes los del recto, del útero y de la vejiga.

Qi: Según la medicina tradicional china, nombre de la fuerza vital que circula en el organismo.
Quelar: Neutralizar una sustancia un metal combinándose con él, atrapándolo. Principio para el tratamiento de la intoxicación por metales pesados.

Reconstituyente: Que recupera el estado original después de una enfermedad debilitante.
Regenerador: Que induce la renovación natural de un tejido o estructura orgánica.
Relajante: Que reduce la tensión muscular.
Restableciente: Medicamento que ayuda a restablecer el vigor, la salud y el conocimiento.
Retinitis: Inflamación de la retina que tiene múltiples causas.
Rinorrea: Eliminación excesiva de secreciones mucosas por la nariz.

Sanjiao: Literalmente, *san* significa 'tres' y *jiao* 'calentador'. Los tres calentadores corresponden a un canal de acupuntura ligado a tres partes (*jiaos*) en las que los chinos dividen la cavidad celómica.
Secante: Sustancia que reduce la humedad en alguna parte del organismo.
Secreción prostática: Flujo catarral de la glándula prostática inflamada.
Sedante: Que controla la excitación nerviosa.
Septicemia: Invasión de la sangre por una infección.
Sibilancias: Ruidos silbantes de los los pulmones, escuchados por auscultación.
Síndrome de tensión premenstrual: Cuadro que ocurre durante los diez días previos a la menstruación y en el que hay irritabilidad, insomnio, dolor mamario, anorexia, pesadez en la cintura, distensión abdominal, micción frecuente, estreñimiento y cefaleas.
Sistémico: Relativo a lo que afecta la totalidad del organismo.
SNC: Abreviatura de sistema nervioso central.
Solidificante: Medicamento que tiende a solidificar los ablandamientos.
Soriasis: Dermatosis papuloescamosa crónica, hereditaria y recurrente.
SPN: Abreviatura de senos paranasales.
Suavizante: Sustancia que suaviza las asperezas.
Subinvolución uterina: Incapacidad del útero para recuperar su tamaño normal después del parto, produciendo abundante y peligrosa hemorragia.
Sudorífico: Que induce la sudoración.

TBC: Abreviatura de tuberculosis.
Tendinitis: Inflamación dolorosa aguda o crónica de un tendón.
Tibb: Es el nombre persa y árabe de la medicina tradicional que practicó Avicena. Significa literalmente "arte de curar los aspectos físico, mental y espiritual del hombre".

Tinitus: Zumbidos.
Tónico: Medicamento que restablece el tono normal del organismo.
Tonificante: Ver *tónico*.
Toxemia: Diseminación de tóxicos en la sangre.

Unani: Medicina jónica o griega de la escuela de la isla de Cos en los tiempos de Hipócrates.

Válvula ileocecal: Pliegue de unión entre el íleon y el ciego.
Vipaka: Palabra sánscrita que describe las características fisiológicas de un alimento o medicamento después de ser digerido en los intestinos y que lo define con relación a las tres doshas desde el punto de vista de sus propiedades terapéuticas.
Vitalismo: Doctrina filosófica que plantea la existencia en todos los seres de un principio intangible, generador de la vitalidad, el cual influye, por supuesto, en todas las actividades orgánicas.

Yang y yin: Los dos principios básicos cosmogónicos de la filosofía taoísta china. Tienen influencia en todos los aspectos de la actividad vital humana y forman parte del diagnóstico y la terapéutica en la medicina tradicional china.

SÍNDROMES DE LA MEDICINA TRADICIONAL CHINA TRATADOS CON LAS 101 HIERBAS*

A- CORAZÓN

A1- Deficiencia del qi del corazón
Manifestaciones clínicas: cara pálida, confusión mental, abatimiento, letargia, palpitaciones, sensación severa de opresión en el pecho, sudoración espontánea, pérdida de la memoria, dificultad respiratoria que se agrava con el ejercicio. Propensión a sufrir enfermedades respiratorias, debilidad del corazón por enfermedad o lesión previas (postinfarto).
Hierbas 2 10 18 22 27 54 75 92 95

A2- Deficiencia del qi del corazón y de los pulmones
Manifestaciones clínicas: melancolía, palpitaciones que empeoran con el ejercicio, sensación de opresión en el pecho, tos crónica, sudoración espontánea, síncopes.
Hierbas 10 12 23 79

A3- Deficiencia del yang del corazón
Manifestaciones clínicas: cara pálida, depresión, mareos, disnea, respiración débil, anemia, labios cianóticos, aversión al frío, sensación de opresión y dolor en el pecho.
Hierbas 12 26 95

A4- Deficiencia del yang del corazón y de los riñones
Manifestaciones clínicas: palpitaciones, sensación de opresión en el pecho, cuerpo y extremidades frías, anorexia sexual, respiración difícil, orinas escasas, cianosis de los labios y de las uñas.
Hierbas 27 95

A5- Deficiencia de la sangre del corazón
Manifestaciones clínicas: dolor precordial intenso, palpitaciones, ansiedad, insomnio, pesadillas, vértigo, mareos, cara pálida, agotamiento y fatiga.
Hierbas 12 22 75 95

A6- Deficiencia de la sangre del corazón y del qi del bazo
Manifestaciones clínicas: cara pálida, inquietud, ansiedad, mal apetito, pérdida de la memoria, insomnio, pesadillas, vértigo, mareos. Distensión abdominal, diarrea con heces mal digeridas.
Hierbas 2 40 75 79 92 95

A7- Deficiencia del yin del corazón
Manifestaciones clínicas: inquietud, desasosiego, sudoración nocturna, insomnio, sueño débil y superficial, sensación de calor en las palmas y las plantas. Boca y garganta secas, poca saliva.
Hierbas 19 21 75

A8- Deficiencia del yin del corazón y de los riñones o disarmonía entre el corazón y los riñones
Manifestaciones clínicas: ansiedad, miedo, paranoia, irritabilidad. Mareos, tinitus, insomnio y pesadillas. Eretismo sexual, palpitaciones, calor. Sudoración nocturna, fiebre vesperal, inhibición parasimpática con vasodilatación pasiva, hipertensión. Debilidad en región lumbar y rodillas; espermatorrea, lumbago.
Hierbas 55 68 85 95

---

* Hemos organizado este índice por órganos. Deliberadamente omitimos en su descripción los tipos de pulso, las lenguas y sus saburras, para no confundir a los lectores legos.

A9- Constricción del qi del corazón
Manifestaciones clínicas: desasosiego, preocupación, ansiedad, palpitaciones, dolor cardiaco, angina de pecho, respiración corta, hipertensión.
Hierbas 2 10 12 27 30 55 60 62 68 70 92 95

A10- Congestión de la sangre del corazón o estasis de la sangre del corazón
Manifestaciones clínicas: palpitaciones, dolor precordial irradiado a hombro y brazo izquierdos, labios y uñas cianóticos. Frío en las cuatro extremidades, pulso débil. Respiración corta.
Hierbas 5 22 95

A11- Congestión de los líquidos del corazón
Manifestaciones clínicas: fatiga, taquicardia, arritmias. Mareos, náuseas y vómitos. Edema central y/o periférico, debilidad muscular y sensación de plenitud hepática.
Hierbas 22 26 38 73 77

A12- Fuego del corazón o exuberancia del fuego del corazón
Manifestaciones clínicas: intensa agitación, logorrea, taquicardia, insomnio, fiebre, eretismo cardiaco. Boca y lengua secas, inflamadas y con ulceraciones. Orinas rojas y dolorosas (hematuria y disuria).
Hierbas 34 55 80 92

B- PULMONES

B1- Viento-frío en los pulmones
Manifestaciones clínicas: tos severa, productiva, con esputos blancos. Fiebre y escalofríos. No sed. Congestión nasal con secreción acuosa. Cefalea y dolores generales.
Hierbas 61 76 86 91

B2- Viento-calor en los pulmones
Manifestaciones clínicas: tos seca intensa, con flema amarilla, pegajosa y escasa. Secreción nasal fétida y pegajosa. Cefalea y fiebre, garganta roja, inflamada y dolorosa.
Hierbas 2 19 41 42 59 60 86 87 92 96 99

B3- Deficiencia del qi de los pulmones
Manifestaciones clínicas: cara blanca, voz baja, tos débil, respiración corta y difícil, sudoración espontánea, lasitud. Propensión a los resfriados, aversión al frío.
Hierbas 10 19 87 91 96

B4- Deficiencia del yang de los pulmones y de los riñones
Manifestaciones clínicas: torpeza emocional, escalofrío, agotamiento. Respiración asmática, orinas frecuentes y dolor lumbar.
Hierbas 6 11 79 91 95

B5- Deficiencia del yin de los pulmones
Manifestaciones clínicas: debilidad física, enflaquecimiento, voz baja, fiebres vesperales moderadas, tos seca con sangre (hemoptisis). Pómulos sonrojados, sudoración nocturna. Boca y garganta secas. Coma.
Hierbas 32 38 41 47 66 67 87

B6- Constricción del qi de los pulmones
Manifestaciones clínicas: irritabilidad, pensamientos obsesivos. Tos áspera, pegajosa y seca que se agrava con el estrés, estornudos, disnea y distensión del pecho, tosferina, fiebre del heno.
Hierbas 9 10 16 28 30 47 59 81 86 87 92

B7- Flema-humedad de los pulmones
Manifestaciones clínicas: tos con expectoración moderada, flemas abundantes, asma, sibilancias, sensación de opresión en el pecho, estornudos.
Hierbas 2 17 20 24 25 47 48 49 59 64 69 81 84

B8- Flema-frío en los pulmones
Manifestaciones clínicas: escalofrío, estornudadera, sensación de plenitud y distensión del tórax. Tos severa con esputos blancos y delgados.
Hierbas 5 6 9 10 26 41 51 61 76 77 79 91

B9- Flema-calor en los pulmones
Manifestaciones clínicas: respiración asmática, tos fuerte con expectoración abundante de flemas verdes. Sequedad e inflamación de la garganta.
Hierbas 41 47 56 86 92

B10- Sequedad de los pulmones
Manifestaciones clínicas: tos seca y pegajosa, boca seca, garganta irritada y con flema viscosa adherida. Hepatización de los pulmones.
Hierbas 28 32 38 51 58 67

B11- Sequedad-calor de los pulmones
Manifestaciones clínicas: cefaleas, dolor en el cuerpo, sensación de sequedad y calor en el pecho. Fiebre, tos seca.
Hierbas 19 42 47 56 58

B12- Sequedad-flema de los pulmones
Manifestaciones clínicas: tos dolorosa, lacerante, con poca flema pegajosa; disfonía, inflamación y dolor de garganta y laringe.
Hierbas 38 41 47 56 87 91

C- ESTÓMAGO

C1- Deficiencia del qi del estómago
Manifestaciones clínicas: cara pálida, inapetencia, dolor y distensión epigástricos posprandiales, enflaquecimiento, debilidad de las extremidades, disnea, silencio deliberado.
Hierbas 30 37

C2- Constricción del qi del estómago
Manifestaciones clínicas: indigestión nerviosa.
Hierba 92

C3- Estancamiento del qi del estómago
Manifestaciones clínicas: flatulencia, náuseas, digestión dolorosa y difícil. Eructos ácidos, vómito, cefalea, constipación, heces mal digeridas, debilidad general e inflamación de los costados.
Hierbas 3 46 52 63 81 82

C4- Reflujo del qi del estómago
Manifestaciones clínicas: náusea y vómito, regurgitación ácida, tos seca.
Hierbas 20 24 46 61 74 76 93

C5- Deficiencia del yin del estómago o sequedad del estómago
Manifestaciones clínicas: ansiedad, boca y lengua secas, hambre sin deseo de ingerir los alimentos, acidez gástrica, vómitos sólidos, abdomen tenso y con sensación de «nudos» en él.
Hierbas 20 21 32 58 67

C6- Frío del estómago
Manifestaciones clínicas: dolor sordo epigástrico que mejora con la presión o al ingerir alimento, sensación de vacío en el estómago, cólicos, vómitos líquidos y muy ácidos.
Hierbas 4 6 9 24 46 48 52

C7- Fuego del estómago
Manifestaciones clínicas: hambre voraz, sed con preferencia por bebidas frías. Encías inflamadas y dolorosas, mal aliento (halitosis), aftas, úlceras en la boca. Envidia y celos.
Hierbas 16 54 58 80 82 93

D- BAZO - INTESTINOS

D1- Deficiencia del qi del bazo
Manifestaciones clínicas: cara y escleras amarillas, falta de apetito, enflaquecimiento, retención de los alimentos, cólico, gases y distensión del epigastrio. Deposición con heces mal digeridas. Anemia, hipotensión.
Hierbas 3 8 24 30 36 42 45 54 60 66 75 84 90 91 94

D2- Hundimiento del qi del bazo o del qi central
Manifestaciones clínicas: mareo, vértigo, lasitud, voz baja, salivadera, inapetencia, sudoración espontánea, pesadez en epigastrio y abdomen, deseos frecuentes de orinar, diarrea crónica, prolapso uterino o rectal.
Hierbas 15 65 73

D3- Deficiencia del yang del bazo o frío de los intestinos
Manifestaciones clínicas: mal apetito (anorexia). Distensión abdominal. Dolor epigástrico que mejora con la presión y el calor. Sin sabor en la boca (agustia), sin sed, frío en las extremidades; hinchazón del cuerpo. Diarrea, enteritis crónica, cólera en los niños. Flujos blancos abundantes. Indiferencia.
Hierbas 4 9 20 46 51 52 65 68 73 75 77 84 91

D4- Deficienciea del yang del bazo y de los riñones
Manifestaciones clínicas: cara pálida, agotamiento mental y físico, impotencia, frío generalizado y dolor en región lumbar, rodillas y abdomen inferior. Diarrea con heces mal digeridas o acuosas al levantarse.
Hierba 23

D5- Disarmonía (incoordinación) entre el hígado y el bazo o constricción del qi de los intestinos
Manifestaciones clínicas: depresión mental o impaciencia, anorexia, sensación de plenitud, dolor y distensión en el pecho y los hipocondrios. Suspiradera, diarrea con deposiciones irregulares, borborigmos y flatulencia, dolor en región sacra y cólicos que empeoran con la alimentación y el estado emocional depresivo.
Hierbas 6 10 16 20 30 61 62 71 76 81 84 90 96 100 101

D6- Humedad del bazo (estancamiento de frío-humedad en el bazo) o humedad-moco de los intestinos
Manifestaciones clínicas: cara amarilla, sensación de distensión en el epigastrio y el abdomen, anorexia, náusea, dolor abdominal, pesadez de cabeza y cuerpo, hinchazón, heces blandas con moco y que denotan fermentación del contenido intestinal.
Hierbas 5 10 17 24 25 40 43 46 48 61 65 68 73 76 77 81 84 91 94

D7- Estancamiento del qi de los intestinos
Manifestaciones clínicas: anorexia, cefalea y vómito, distensión, inflamación y dolor del abdomen. Hipo, eructos fétidos, digestión lenta y constipación crónica.
Hierbas 11 18 48 53 65 75 83 88

D8- Humedad-frío de los intestinos
Manifestaciones clínicas: desasosiego, escalofrío, náusea, indigestión, abdomen inflamado, heces acuosas, abundantes y sin digerir.
Hierbas 66 79 84

D9- Humedad-calor de los intestinos
Manifestaciones clínicas: fatiga, defecaciones urgentes y quemantes, diarreicas, sanguinolentas y con moco. Dolor al defecar, enteritis crónicas.
Hierbas 18 31 47 56 59 72 80 89 93 97 98

D10- Sequedad-calor de los intestinos
Manifestaciones clínicas: cefalea explosiva, boca y garganta secas, abdomen duro, constipación severa con heces duras, pequeñas y oscuras. Fiebre.
Hierbas 1 3 7 28 29 32 39 58 82 87 89

E- HÍGADO

E1- Estancamiento del qi del hígado
Manifestaciones clínicas: depresión, irritabilidad, suspiros, sensación de cuerpo extraño en garganta, náusea y vómito. Opresión en el pecho y dolor en epigastrio e hipocondrio. Dolor y distensión de senos, abdomen y costado derecho. Orina escasa. Menstruaciones dolorosas; constipación y acolia.
Hierbas 1 5 7 13 21 25 26 29 36 38 40 42 43 53 55 59 60 61 62 66 69 71 76 79 80 81 82 90 94 96 99

E2- Deficiencia del qi del hígado y del estómago o discordancia entre el hígado y el estómago
Manifestaciones clínicas: sensación de pleni-

tud, distensión y dolor en el pecho, ardor precordial, mal apetito, visión borrosa, hipo y eructos, regurgitaciones ácidas, dolor y distensión en el epigastrio. Digestión lenta pesada, respiración fétida, ictericia. Depresión e irritabilidad, timidez y cansancio.
Hierbas 1 3 7 11 13 15 16 17 25 29 35 43 45 55 59 60 62 85 93 95 96 101

E3- Ascenso del yang del hígado (disarmonía endocrina del hígado) o hiperactividad del yang del hígado
Manifestaciones clínicas: precipitud e irritabilidad, cefalea intensa frontal, occipital o del vértex, oleadas de calor. Mareo y vértigo, tinitus, insomnio, pesadillas, inflamación de los ojos. Sensación de peso en la región lumbar y debilidad de las rodillas.
Hierbas 27 34 36 45 55 59 61 62 68 76 92 96

E4- Deficiencia del yang y estancamiento del frío del hígado
Manifestaciones clínicas: desinterés, inercia, depresión, anorexia, extremidades frías, cefalea frontal u occipital con náusea y vértigo, ictericia, edema, constipación.
Hierba 26

E5- Deficiencia del yin del hígado y de los riñones
Manifestaciones clínicas: pérdida de la memoria, sudoración nocturna, mareo y vértigo, visión borrosa, insomnio, tinitus, rubor en las mejillas, sequedad en boca y garganta, dolor en hipocondrio, debilidad en región lumbar y en rodillas, sensación de calor en palmas, plantas y esternón. Menstruaciones escasas, espermatorrea.
Hierba 68

E6- Deficiencia de la sangre del hígado
Manifestaciones clínicas: cara pálida, opaca. Mareos y vértigos, tinitus, pesadillas, ojos secos, adoloridos, visión borrosa, ceguera nocturna, entumecimiento de las extremidades, movimientos espasmódicos de los tendones. Tics musculares. Piel, uñas y cabellos secos. Amenorrea, vagina seca, menstruaciones escasas.
Hierbas 31 39 66 69

E7- Fuego del hígado o ascenso del fuego del hígado
Manifestaciones clínicas: ira, irritabilidad, insomnio y pesadillas. Cefalea, mareo y vértigo. Tinitus, sordera súbita. Rubor facial, inflamación ocular, boca amarga y garganta seca. Epistaxis. Encías inflamadas y sangrantes, cólico biliar, orinas rojizas, estreñimiento.
Hierbas 1 7 29 34 36 42 45 54 72 80 82 83 93

E8- Congestión de los líquidos del hígado
Manifestaciones clínicas: edema, inflamación local o general, efusión serosa local, disnea, fatiga, pesadez del cuerpo, intoxicación hepática, ictericia, edema cardiaco, cistitis, litiasis, ascitis, inflamación hepática.
Hierbas 1 5 7 11 13 25 36 39 50 66 69 86 90

E9- Humedad-calor del hígado y de la vesícula biliar
Manifestaciones clínicas: sensación de distensión y dolor en el pecho, hipocondrio y costados. Sabor amargo en la boca, ictericia, mal apetito. Vómito y náuseas, distensión abdominal, deposiciones irregulares, orinas escasas y rojizas. Frío y fiebre alternados. Sensación de distensión en los testículos, edema escrotal. Flujos amarillos, fétidos, prurito genital.
Hierbas 1 7 43 45 57 80 82

E10- Viento interno del hígado
Manifestaciones clínicas: mareo y vértigo que impiden sostenerse en pie; cefalea intensa que «parte» la cabeza. Temblores, entumecimiento y movimientos involuntarios de las extremidades. Apoplejía.
Hierbas 34 45 55

E11- Agotamiento del qi del hígado y de los riñones
Manifestaciones clínicas: fatiga, mareos, dolor lumbar, menstruaciones escasas e irregulares, inflamación de los ovarios, frigidez, impotencia, infertilidad, prostatitis.
Hierba 32

F- RIÑONES

F1- Deficiencia del yin de los riñones
Manifestaciones clínicas: mareo, vértigo, tinitus, disminución de la agudeza visual. Pérdida de la memoria, insomnio, disminución de peso, sudoración nocturna, sequedad de la garganta y de la lengua, rubor de las mejillas. Fiebre ondulante vesperal. Pesadez y debilidad de región lumbar y rodillas. Menstruaciones escasas, amenorrea, hemorragia uterina. Espermatorrea.
Hierba 68

F2- Deficiencia del yang de los riñones
Manifestaciones clínicas: cara pálida, frío en el cuerpo y en las extremidades. Pesadez, debilidad y frío en la región lumbar y en las rodillas. Orinas abundantes, frecuentes y claras. Impotencia, eyaculación precoz. Torpeza emocional y mental.
Hierbas 6 35 39 51 52 69 73 79

F3- Deficiencia de las esencias de los riñones (disarmonía endocrina de los riñones)
Manifestaciones clínicas: senilidad precoz, mareo, pérdida de memoria, visión borrosa, encanecimiento prematuro, pérdida de los dientes, disminución de la agudeza auditiva y visual. Dolor en la región lumbar y debilidad de las rodillas, anorexia sexual, impotencia, uñas débiles y quebradizas. Crecimiento tardo de los niños.
Hierbas 1 7 14 28 31 39 54 57 68 75 92

F4- Constricción del qi de los riñones
Manifestaciones clínicas: depresión agitada, desasosiego nervioso. Náusea y vómito, flatulencia y dolor abdominal. Dolor lumbosacro.
Hierbas 34 49 55 59 68 73 84 92 95

F5- Estancamiento del qi de los riñones
Manifestaciones clínicas: anemia, cefalea, anorexia. Disminución de la agudeza visual, piel seca. Irritabilidad, desasosiego, desespero. Hematuria, edema, irritación vesical, cistitis mucosa, obstrucción urinaria. Constipación.
Hierbas 11 15 18 19 20 25 27 31 37 48 53 55 56 57 62 66 69 72 74 75 77 79 81 86 90 93 95 96 100 101

F6- Fuego de los riñones
Manifestaciones clínicas: sed, fiebre, retención urinaria, dolor lacerante en zona renal, irradiado al ombligo. Anuria, hematuria, nefritis crónica, glomerulonefritis. Diarrea.
Hierbas 46 93

F7- Viento de los riñones
Manifestaciones clínicas: espasmos, temblores, hiperestesias, parálisis facial, histeria, convulsiones.
Hierbas 59 68 81 84 92

F8- **Congestión de los líquidos de los riñones**
Manifestaciones clínicas: edema facial, bolsas debajo de los ojos. Edema maleolar ascendente, anasarca, dolor lumbar. Náusea, pesadez de cabeza y rigidez de los miembros inferiores.
Hierbas 2 15 27 38 50 57 69 71 77

G- VEJIGA Y SISTEMA GENITOURINARIO

G1- Deficiencia del qi genitourinario o inestabilidad del qi de los riñones
Manifestaciones clínicas: orinas frecuentes y escasas. Dolor lumbar y debilidad de las rodillas, incontinencia urinaria, nocturia, goteo posmiccional, espermatorrea y eyaculación precoz. Flujos de aspecto claro y blancos. Enuresis, aborto habitual.
Hierbas 15 31 50 57 70 75 100

G2- Deficiencia del qi de la vejiga

Manifestaciones clínicas: sensación de pesadez en la región lumbar, orinas escasas, frecuentes y claras. Nocturia.
Hierbas 48 56 62

G3- Constricción del qi de la vejiga

Manifestaciones clínicas: ansiedad, orinas frecuentes, dificultad dolorosa para la micción, enuresis, retención urinaria.
Hierbas 28 47 49 55 71 74 90 92 95 100

G4- Frío-humedad de la vejiga

Manifestaciones clínicas: orinas escasas y turbias, disuria, interrupción de la orina y pesadez en la uretra, enuresis, lumbago y sensación de pesadez en hipocondrio. Flujo blanco o descargas de contenido quístico.
Hierba 90

G5- Humedad-frío genitourinarios

Manifestaciones clínicas: debilidad, escalofrío, orinas escasas o abundantes, anorexia sexual, dolor lumbar, cistitis mucoide, uretritis. Prostatitis. Leucorrea espesa, inodora.
Hierbas 20 26 31 46 66 68 73 77 78 84 90

G6- Humedad-calor genitourinarios

Manifestaciones clínicas: incluye las infecciones venéreas con descargas purulentas y fétidas. Prurito genital, vaginitis, cervicitis, pielonefritis.
Hierbas 31 41 45 72

G7- Humedad-calor de la vejiga y de los riñones

Manifestaciones clínicas: micción urente y urgente, interrupción de la micción, orinas oscuras y turbias, sed, irritabilidad, inflamación e infección crónicas de vías urinarias.
Hierbas 1 11 13 19 28 31 32 41 47 50 56 57 58 67 69 72 85 86 97 98

H- ÚTERO

H1- Deficiencia del qi del útero

Manifestaciones clínicas: menstruaciones retrasadas con poca hemorragia. Sangrado uterino.
Hierbas 9 13 63

H2- Constricción del qi del útero

Manifestaciones clínicas: irritabilidad y fatiga. Menstruaciones irregulares, con cólicos y mínima hemorragia.
Hierbas 2 10 14 16 27 49 55 61 68 71 74 76 81 84 90 92 95 96

H3- Estancamiento del qi del útero

Manifestaciones clínicas: menstruaciones retrasadas, dolorosas al comienzo, con coágulos fibrinoides. Quiste ovárico, placenta retenida. Constipación severa.
Hierbas 2 3 11 13 15 20 21 33 35 38 43 48 59 60 62 76 80 81 83 88 96 100

H4- Deficiencia de la sangre del útero

Manifestaciones clínicas: amenorreas, menstruaciones retrasadas con cólicos, piel seca, síndrome menopáusico, insuficiencia estrogénica, vagina seca, infertilidad.
Hierbas 13 69 75 84

H5- Congestión de la sangre del útero

Manifestaciones clínicas: dismenorrea congestiva, menstruaciones abundantes, adelantadas y dolorosas. Pesadez en zona pélvica y dolor sordo. Sangrado intermenstrual con coágulos fibroides y dolor abdominal bajo.
Hierbas 18 21 26 33 53 56 62 72 74 98

H6- Frío del útero

Manifestaciones clínicas: menstruaciones demoradas, amenorrea, interrupción de las menstruaciones, con flujo sanguinolento escaso.
Hierbas 6 26 48 51 52 68 76 77 91

SÍNDROMES GENERALES EXTERNOS E INTERNOS

I- EXTERNOS

I1- Viento-frío externo
Manifestaciones clínicas: aversión al frío, rigidez de la nuca, congestión cefálica, inicio de los resfriados, inflamación de los ojos, desaliento, estornudos, escalofríos.
Hierbas 4 5 9 13 14 23 25 42 52 61 62 73 76 79 91 101

I2- Viento-calor externos
Manifestaciones clínicas: dolores musculares y articulares, escalofríos, garganta inflamada. Cefalea, ansiedad, irritabilidad, comienzo de infecciones virales eruptivas o respiratorias, fiebre reumática.
Hierbas 2 15 21 37 41 42 52 59 61 62 76 86 90 92 96 99

I3- Obstrucción por viento-humedad
Manifestaciones clínicas: mialgias, neuralgias agudas intermitentes, dolor lumbar y/o de cadera y dolores fugaces que empeoran con la humedad. Fiebre remitente.
Hierbas 4 5 9 13 23 52 73 77 79 86 91

I4- Viento-frío de la cabeza
Manifestaciones clínicas: aversión al frío, tensión de la región occipital. Tos, catarro, congestión cefálica, descarga nasal acuosa. Neuralgias agudas. No fiebre, no sudoración y no sed. Estornudadera.
Hierba 73

I5- Flema-frío de la cabeza
Manifestaciones clínicas: congestión y pesadez de la cabeza y de los senos paranasales, abotagamiento, edema, mareo, tos con expectoración excesiva y blanca. Náusea. Frío en la espalda y en las extremidades.
Hierba 9

I6- Humedad-frío en la cabeza
Manifestaciones clínicas: congestión cefálica y de los senos paranasales, anosmia, descargas nasales acuosas y abundantes.
Hierbas 6 14 17 20 24 44 47 54 61 76 79 86 91

I7- Humedad-flema de la cabeza
Manifestaciones clínicas: congestión de la cabeza, estornudadera, respiración ruidosa, tos con flemas pegajosas, resfriado, cefalea frontal con congestión de los senos paranasales.
Hierbas 79 86 91

I8- Humedad-calor de la cabeza o viento-calor de los pulmones
Manifestaciones clínicas: fiebre, escalofríos suaves, congestión cefálica, tos, descargas nasales purulentas y pegajosas. Garganta roja e inflamada. Dolor dental.
Hierbas 19 41 42 59 64 86 92 96

I9- Humedad-calor general
Manifestaciones clínicas: fiebre baja persistente que mejora en las mañanas. Incomodidad y opresión torácicas. No sed o sed sin deseos de beber. Micciones cortas, escasas.
Hierba 3

I10- Fuego-toxinas
Manifestaciones clínicas: forunculosis, diviesos, infecciones orales. Ulceraciones, fístulas, mastitis, conjuntivitis.
Hierbas 12 28 36 53 54 55 56 75 80 86 93 97

I11- Humedad-calor de la piel
Manifestaciones clínicas: inflamaciones purulentas, lesiones supurativas dérmicas, acné, abscesos.
Hierbas 15 21 28 31 32 44 55 58 59 67

I12- Vencimiento del yang
Manifestaciones clínicas: colapso, shock por trauma, sudoración fría, extremidades frías, coma, falla cardiaca.
Hierba 4

I13- Deficiencia del yang
Manifestaciones clínicas: lengua seca, no sed, apatía, incomplacencia, sensación de frío y escalofríos, depresión, extremidades frías.
Hierbas 5 6 35 51 77 79

I14- Exceso del yang
Manifestaciones clínicas: inquietud, insomnio, congestión cefálica, cara roja, aversión al calor y a la presión, sed con preferencia por bebidas frías.
Hierba 34

I15-Deficiencia del yin
Manifestaciones clínicas: sed, lengua seca, sudoración nocturna. Sensación de calor en palmas, plantas y esternón (cinco centros). Inquietud mental y física, Irritabilidad, insomnio, enrojecimiento facial en las tardes, con fiebre baja. Tinitus.
Hierbas 12 28 78

I16-Exceso del yin
Manifestaciones clínicas: escalofríos, extremidades frías, cara pálida, letargo, pesadez general.
Hierbas 4 9 26 77

I17-Exceso del yin y del frío
Manifestaciones clínicas: extremidades frías, aversión al frío, malestar que se agrava con la presión y mejora con el calor. Movimientos fuertes y lentos. No sudoración, orinas abundantes y claras, heces acuosas.
Hierba 74

J- INTERNOS

J1- Deficiencia general del qi
Manifestaciones clínicas: aflicción, melancolía, cara pálida. Mareos y vértigos. Cansancio, ahogo y debilidad física. Sudoración espontánea que se agrava con esfuerzo moderado. Se presenta en la vejez, en los enfermos crónicos y en los inmunosuprimidos.
Hierbas 4 14 24 84 91 94

J2- Constricción del qi
Manifestaciones clínicas: exceso de nervios y tensión emocional y mental que generan síntomas en las órbitas más vulnerables del enfermo.
Hierbas 2 14 16 34 59 90 92 96

J3- Hundimiento del qi central
Manifestaciones clínicas: vértigo, ahogo, lasitud, sensación de distensión y descenso abdominales. Prolapso rectal o uterino.
Hierbas 15 65 73

J4- Deficiencia de la sangre
Manifestaciones clínicas: cara pálida o amarilla oscura, labios pálidos, mareo y vértigo, palpitaciones, insomnio. Entumecimiento de extremidades, amenorrea, oligomenorrea, reglas retrasadas.
Hierbas 1 7 8 14 17 40 53 54 77 101

J5- Deficiencia de la sangre y de los líquidos
Manifestaciones clínicas: garganta y lengua secas, labios ásperos, cara pálida, anemia. Piel marchita. Entumecimiento de las extremidades, orinas escasas, amenorrea.
Hierbas 28 32 69 94

J6- Calor de la sangre
Manifestaciones clínicas: apatía, locura por exceso de irritabilidad. Boca seca, sin sed. Fiebre en la noche, menstruaciones abundantes adelantadas, erupciones cutáneas.
Hierbas 54 72 74 80 93 97 98

J7- Congestión de la sangre caliente o estancamiento de la sangre por calor
Manifestaciones clínicas: calor y preferencia por el frío, delirio, amnesia, trastornos mentales, hematomas, hinchazón, escalofríos, heces secas fáciles de defecar, dolor y distensión del abdomen. Afecta en general el útero y los intestinos.
Hierba 56

J8- Deficiencia de la sangre arterial y del qi
Manifestaciones clínicas: aversión al frío, sen-

sación de opresión en el pecho, fatiga, extremidades frías, cara, párpados y uñas pálidos. Estornudadera.
Hierbas 4 5 14 23 40 77 79

J9- Estancamiento de la sangre venosa
Manifestaciones clínicas: várices, flebitis, hemorroides, fragilidad capilar, cianosis.
Hierbas 18 36 54 62 74 98

J10- Congestión general de los líquidos
Manifestaciones clínicas: inflamación, plétora, hinchazón de las extremidades y el cuerpo por edema.
Hierbas 17 100

J11- Discrasia general de los líquidos
Manifestaciones clínicas: diatesis úrica, gota, reumatismo, eccema, escrófula, litiasis urinaria, migraña, sinovitis.
Hierbas 1 5 7 8 11 15 17 19 28 31 36 39 50 53 54 62 69 70 75 79 101

J12- Plétora general
Manifestaciones clínicas: obesidad, arterioesclerosis, hipertensión.
Hierbas 5 7 31 36 38 40 43 60 72 75 94 98

J13- Constricción del qi mental
Manifestaciones clínicas: inquietud, ansiedad, tensión nerviosa, insomnio.
Hierba 68

J14- Deficiencia de los nervios
Manifestaciones clínicas: debilidad general, torpeza, hiperexcitabilidad, inquietud, actitud defensiva, pérdida de la memoria. Mareos y vértigos, cefalea occipital crónica, sordera, insomnio, desmayos, depresión, lentitud, lasitud muscular en los infantes.
Hierbas 6 11 14 17 24 25 27 28 30 35 40 51 61 73 75 76 79 84 91 92 95

J15- Exceso de los nervios
Manifestaciones clínicas: irritabilidad, desasosiego, migraña, insomnio, hipertensión, temblores, tensión muscular, eretismo sexual.
Hierbas 16 34 55 59 68 70 81 90 92

J16- Viento de los riñones (viento interno)
Manifestaciones clínicas: espasmos, temblores, parálisis facial, histeria, hiperestesias, convulsiones.
Hierbas 59 68 81 84 92

ÍNDICE ALFABÉTICO DE TRASTORNOS Y EFECTOS MENCIONADOS EN LA OBRA

Este libro se terminó de imprimir en Bogotá, en septiembre de 2005,
en los talleres de Quebecor World Bogotá,
con un tiraje de 3.000 ejemplares.